# 做决定前要读的心理学

陈艺熙◎著

ZUO JUEDING QIAN
YAO DU DE XINLIXUE

中国纺织出版社有限公司

## 内 容 提 要

每个人的成长过程中，都避免不了选择和决策，不同的行为、不同的选择将决定不同的命运。掌握理性决策的原理，懂得心理学对选择行为的影响，将对提升选择的质量有很大的帮助。

本书从心理学角度出发，告诉人们如何做出正确选择，而且是从生活、学习乃至人生方向中的各个方面入手，引导广大读者认识和学习如何理智抉择，希望为有选择障碍的人们提供提示和帮助。

**图书在版编目（CIP）数据**

做决定前要读的心理学 / 陈艺熙著. --北京：中国纺织出版社有限公司，2021.4
ISBN 978-7-5180-8284-1

Ⅰ.①做… Ⅱ. ①陈… Ⅲ. ①心理学—通俗读物 Ⅳ. ①B84-49

中国版本图书馆CIP数据核字（2020）第253959号

责任编辑：李凤琴　　责任校对：高　涵　　责任印制：储志伟

中国纺织出版社有限公司出版发行
地址：北京市朝阳区百子湾东里A407号楼　邮政编码：100124
销售电话：010—67004422　传真：010—87155801
http://www.c-textilep.com
中国纺织出版社天猫旗舰店
官方微博http://weibo.com/2119887771
三河市宏盛印务有限公司印刷　各地新华书店经销
2021年4月第1版第1次印刷
开本：880×1230　1/32　印张：7
字数：163千字　定价：39.80元

# 前言

生活中，你是否常有这样的经历：面对两种价格差不多的商品，不知道如何选择；已经付了钱的户外活动，就算天气不佳也坚持去参加；小提琴和钢琴两个兴趣班，时间有限你只能选一个；买足球鞋时，你原本想买双便宜的，最终却因为导购的强力推销买了贵的……

以上这些活动，都涉及选择的问题。的确，人类的一切行为都是决策的结果，而人类决策受到很多因素的影响，其中最多的就是心理和情感因素，有人说，情感是高明的诈骗犯，每一秒都在让我们做出不可思议的行为。无论是日常购物、请客吃饭、投资理财还是经营家庭和友情，心理学的影响力无所不在！

目前，关于决策心理学的研究日趋成为一个热点。对于青少年朋友来说，做好正确的选择，对于人生方向的确定、当下的学习和生活状态、未来职业生涯的定位都有着举足轻重的作用。

很多情况下，选择和努力同样重要，无论是成人还是青少年，都希望做出明智的抉择，让奋斗方向更精准，不过，由于个人心理的认知风格、价值取向及风险偏好等各方面的不同，或者我们在日常生活中体验到的喜悦、不安、愤怒、羡慕、忌妒、厌恶等情绪在必须做决策时突然出现，就会迫使我们做出违反合理计算或自相矛盾的结论。

然而，很多人在做决策时往往缺乏理性，常常意气用事，且容易受到情绪、周围人的影响，其实，要做出正确的抉择，就必须要了解人们的行为背后的动机，了解心理因素是如何影响人们的决策的。

也许一些朋友会问，如何了解以及规避以上我们所说的问题对于理智抉择的影响、又如何做出正确的选择呢？是否需要有人给出指导呢？

本书就是为广大选择困难的朋友量身定制的一本书，帮助你们认清自己的情绪，了解自己非理性决策的原因，并开拓和挑战自己的思维，而且本书内容新颖、案例丰富、论述清晰简洁，值得一读！

作者

2020年11月

# 目录

第一章　选择与努力同样重要，走好人生的每一步棋　‖ 001

积极筹划，选择更有价值的人生　‖ 002

有智慧的人，会明确选择自己的目标　‖ 007

不要盲目地模仿别人，而要选择适合自己走的路　‖ 010

方向错了，再怎么努力也是徒劳　‖ 013

生活不只有苟且，还可以选择诗和远方　‖ 015

人生要积极主动，被动选择只能趋于平庸　‖ 019

第二章　肯定自我，努力修炼强有力的决策能力　‖ 023

肯定自我，看到自己的价值　‖ 024

相信自己，才能激发出自身的潜能　‖ 027

主动去做一些事，尽早实现自己的梦想　‖ 030

相信自己，你就能成功　‖ 034

深入地了解自己和诚实地面对自己　‖ 037

第三章　左右两难时，如何选择让自己不留遗憾　‖ 043

左右迟疑，只能白白让机会溜走　‖ 044

坚定不移地相信自己，做自己的英雄　‖ 046

眼光长远，别只看眼前利益 ‖050
缺憾无法改变，但可以改变自己的心态 ‖052
选择前深思熟虑，才能避免人生的冤枉路 ‖055
做选择，就必然有舍弃 ‖058

第四章 兼听则明，学点沟通心理学让你的决策更合理 ‖063

三思而后行，凡事都给自己留有余地 ‖064
无论如何，不要伤害他人尊严 ‖067
抹得开面子，才能打得开局面 ‖070
有警觉戒备心，小心小人伤害 ‖074
不要对他人的隐私抱有强烈的好奇心 ‖078
左右逢源，不要参与任何权力之争 ‖081

第五章 坚持你的抉择，别因一些外在因素动摇你的内心 ‖087

信念坚定，才能坚定前进的方向 ‖088
能以坚强的心战胜厄运，整个世界都会因此而变得绚烂无比 ‖091
坚持自己的选择，才能为自己赢得最大限度的发展 ‖095
既然选择，就要勇敢前行 ‖098
勇敢地尝试你自己所做的选择，并坚持到底 ‖102
只管努力，纠结过去和未来都没有意义 ‖104

第六章　接受选择的结果，选择后就无怨无悔　‖ 109

对人生而言，最高的境界是无怨无悔　‖ 110

人生是在不断犯错和试错的过程中逐渐成长起来的　‖ 114

哭过之后，就要重新进发　‖ 117

别害怕犯错，错误是进步的阶梯　‖ 121

人生成败得失，用从容的心态面对　‖ 125

生活需要热情，哪怕结果很糟糕　‖ 128

第七章　突破情绪的桎梏，保持理性方能做出最佳抉择　‖ 133

情绪管理是做好正确人生选择的第一步　‖ 134

消解心中的闷气，要化闷气于无形　‖ 136

别太敏感，烦恼真的是自己寻来的　‖ 140

卸下压力，化解心中的坏情绪　‖ 143

事事随喜，快乐就是生活常态　‖ 149

冲动是魔鬼，不要随意发脾气　‖ 153

第八章　选择你的态度，获得良性人际关系　‖ 157

懂得给他人留有余地，是为自己的将来多留条路　‖ 158

想要他人信任自己，先要学会信任他人　‖ 161

心平气和，不要为自己树敌　‖ 164

维系友情，聪明的人懂得维护朋友资源 ‖167
学会拒绝，别来者不拒 ‖170

第九章 避开这些决策的误区，防止错误的抉择 ‖175
人心不足蛇吞象，要努力成为欲望的主人 ‖176
过度思考，只会让你内心焦虑 ‖178
一定要有自己的原则，并在原则范围内调整自我 ‖181
爱慕虚荣，很容易迷失本心 ‖184
找准目标，选择和努力一样重要 ‖189
要积极主动地调整自身，让自己与时俱进 ‖192

第十章 选择什么样的心态，就有什么样的人生 ‖197
正向思维，始终给自己积极正面的心理暗示 ‖198
乐观与自信，迈过人生重重困难 ‖201
内心平和，人生最忌浮躁 ‖204
心向阳光，人生就会多几分希望 ‖207
积极乐观，人生就不会绝望 ‖210
怀着宽容的心态，人生就会变得更加理性和从容 ‖212

参考文献 ‖215

第一章

# 选择与努力同样重要，走好人生的每一步棋

## 积极筹划，选择更有价值的人生

人刚步入社会时遇到的一大难题就是找工作，面对各式各样的招聘启事和形形色色的工作岗位，我们要如何选择才能找到最适合自己的工作呢？现在认为适合自己的工作，今后到底有没有发展前途呢？这些都是很现实的问题。当然，每个人都希望找到一份称心如意、福利待遇好，又是自己感兴趣并有良好发展前途的工作。可年轻人也要清楚，这些条件不是第一次找工作就能全部满足的，在工作中你总会发现不满意的地方。所以，年轻人要根据自己每个阶段想要得到的东西，去选择自己的工作，不要现在需要什么就去争取什么。

你在生活和工作中知道自己追求的是什么吗？雷锋说过一句话：“吃饭是为了活着，活着却不仅仅是为了吃饭。”我们的工作也有挣钱以外的意义。有的人工作是为了有口饭吃，有的人工作是为了吃口好的，有的人工作是为了将来不工作，有的人工作是为了干一番事业，实现抱负……不管怎么样，你都应该明白，工作挣钱本身并不是奋斗目的，它只不过是达到目的的一种手段。明白了这一点，我们对工作的选择和在工作中所持的态度，就会更清醒、更明确，也就会更持重，而不会急功近利。

大部分人在刚开始工作的时候，都会感觉到不满意，“给我多少钱，我就干多少事。”“一个月拿那么少，还想让我加班，没门儿！”他们只看到了眼前的工作带给他们的直接利益，而没有看到工作带给他们的发展，也就是在工作中经验的增加、处事方法的渐渐熟练、技术能力的进一步提升。你认真工作的态度，也会增加你的机遇。对工作太现实的态度，往往会葬送一个人的理想和未来。你想想，如果一个人整天处在怨天尤人、对工作敷衍搪塞的状态中，他的情绪是消极的，态度是马虎的，手头的工作都做不好，又怎么可能有好的前程呢?

一些人对自己的期望值很高，常常认为自己才高八斗、学富五车，因此在工作中眼高手低。因此，无论他的实际工作能力如何，他都觉得这份工作配不上自己，自己应得的薪水和职位应该远远高于实际上拥有的。你要明白，无论一家公司多么小，公司的领导都不可能放心地把一副重担放在一个初出茅庐的年轻人身上，别人看清了你的才能，才可能重用你。所以，我们唯一的做法，就是在本职岗位上做出一番成绩，获得一番经验，才可能得到更好的发展机会。要知道公司都是根据一个人对公司作出的贡献来确定他的薪水和职位的。如果你因为失意，连目前职位上的事情，都做得一塌糊涂，别人又怎么可能放心地把更重要的事情给你做，把更重要的职位让你担任呢？你又怎么会获得更丰厚的薪水呢？所以，要想多挣钱，就要为公司多做贡献；要想多做贡献，就要在你的职位上收获更多的经验。这样，即使老板不给你加薪，你也有了跳槽的资本。

更有甚者，就因为与自己同时毕业的某位同学有一份比自己社会地位更高、薪水更丰厚的工作就频频跳槽。因为羡慕、嫉妒或者攀比心理，觉得自己不应该只拿这样低的报酬，而应该得到比同学更好的工作和薪水，所以等不及把工作岗位上的事情都做透，取得一定的经验，就因为嫌薪水太少而另谋高就去了。

你要明白，每一次跳槽都要在新的岗位上适应一段时间，在人际关系上磨合一段时间，这段日子里也许你只顾磨合，什么成绩也做不出。所以，太频繁地跳槽，就等于空耗自己的内力。

一个人开始创业时，他的薪水甚至是负的，他可能扛着几百万元的负债，如果这时他选择退出，寻找高薪工作，那他的债务可能要十年甚至更久才能还清。而如果他坚持创业，不断地获得有用的信息，坚持锻炼自己的能力，不断积累经验，那么机会不久就可能降临，也许一年就能够扭亏为盈，他所获得的就不仅仅是几千块钱的薪水，而是丰厚的利润了。

那么，在社会中打拼是要更看重挣钱，还是更看重获得经验呢？

第一，要把挣钱和挣经验当成是“鱼”和“渔”的选择。你的薪水是所谓的“鱼”，而经验则是“渔”。如果你想要获得更多的鱼，就要掌握钓鱼的方法与技术。年轻人初入职场时，正是求“渔”的好时机，我们应该把目光放得长远一点。只要学会了“渔”，还怕将来没有“鱼”吗？在工作中，只有不断地寻找“捕鱼”的更好的方法，总结“渔猎”经验，才能够得到更多的“鱼”。在这个过程中，我们渐渐地独当一面，抛弃“薪水”的束缚，这才是最重要的。满眼都是鱼的人，往往看着鱼欢喜，而忘了学习渔术，所以“临渊羡鱼，不如退而结网”，获得经验才是最重要的。

第二，要认识到，收入只是工作的副产品。只要做好你该做的事，出色地完成你该完成的工作，理想的薪金必然会有。在选择工作之前，我们应该明白自己想要的是什么，是钱还是真正的成长，这样我们才能做出无悔的选择。对于我们来说，薪水固然重要，但比薪水更具价值的，是工作背后自身的成长。工作固然是为了生存，但比生存更重要的是实力的提升。年轻人经常抱怨自己的工资太低、奖金太少却以玩世不恭的态度对待工作，或者消极怠工，或者频繁跳槽，甚至怨天尤人，工作做得一塌糊涂，表现乏善可陈，事业升迁更是遥遥无期，在这种情况下还埋怨自己怀才不遇，这是令人感到可笑的。

事实上，如果我们不把自己的眼光盯在薪水上，而是注重学习、成长的机会，职业经验的积累，为人处世的磨炼等，我们就会取得更长足的进步，薪水也就源源而来了。

我们要意识到，目前的工作可能不是我们想要的，但如果不把这份工作做好，那么这份工作我们反而有可能从事一辈子。薪水并不是我们从工作中所能获得的全部，而只是其中的一小部分。如果只能看到工作带给我们的薪水，那我们就只能成为一个为薪水而工作的打工者。只要自己的能力提升了，何愁薪水不涨？薪水是有限的，能力的提升却是无限的。

第三，在做事时要注重于你的目标，注重于你希望解决的问题。抛开急功近利的想法，不要盲目地为追求高薪或其他的眼前利益而心浮于事或不断地跳槽。心浮气躁对眼前的工作最不利，我们要安下心来，踏实地做好工作中的每一件事，并适时地盘算自己的未来，才可能不断地成长。

我们是希望得到金钱，还是更有前途的事业？任何一个希望有所作为的年轻人，都会做出正确的回答，那就是更有前途的事业。有时我们不过是被眼前的繁华遮蔽了视线，或者攀比的心理让我们的心动摇了。我们要做到心如磐石、清醒自觉，就要有宽广的眼界和坚定的信念。“不畏浮云遮望眼，只缘身在最高层。”我们要把自己的志向定得高一点，再高一点，我们才能看到更多，我们的头脑才会更清醒。

当你开始厌烦于眼前工作的时候，你要清楚地知道自己现在更需要的是积累经验，这样就会让自己平静下来，心平气和、严肃认真地对待眼前的工作，也只有这样，我们才会获得更有价值的人生。

## 有智慧的人，会明确选择自己的目标

年轻的时候，我们总是有很多美好的梦想，无论在他人眼里是理智的还是稳重的，我们都会在自己的心底埋下一颗梦想的种子。其实这些梦想大多数和现实是有一定差距的，没有几个人可以把他的梦想变成现实。但这并不意味着梦想就是空想，在很多时候，它成了年轻人奋斗的目标和努力的方向。

有智慧的年轻人，无论他们的理想是远是近，是大是小，他们都会明确自己的目标，通过一步步的努力，将它实现。这样的年轻人，看起来也许并不忙碌，工作也不是最出色的，但是他踏实又努力，能够取得快速的进步，让人觉得他是运气最好、事业最成功的。实现梦想是一件有风险的事，而明确的计划能够让我们避免许多陷阱和诱惑，风险也就相对减少。一定的积累，会让我们的经验更丰富，能力更上一层楼。只有有了更多的资本，才可能以小博大。我们一定要想好，到底“怎样度过自己的一生”才能够让梦想变成现实，才不会行差踏错。

第一，我们要保证自己的梦想是现实的、可以实现的，而不是一些天马行空的幻想。我们要对自己能够达到多高的高度有一个判断，对自己在哪方面有优势、哪方面不擅长要有清楚的认知。

第二，我们要为实现梦想制订一个行之有效的计划。无论你的梦想有多大、多长远，都要有严密的计划支持，才可能实现，否则就会竹篮打水一场空。让我们看看阿诺德·施瓦辛格是怎样从一个十多岁的穷小子成为美国州长的。

经过几天几夜的思索，他制订了以下计划：要竞选州长必须得到雄厚的财力支持——要获得财团的支持就一定得融入财团——要融入财团就需要娶一位豪门千金——要娶一位豪门千金必须成为名人——成为名人的最快方法就是做电影明星——做电影明星得练好身体，练出阳刚之气。就是凭着这一串规划，一个名不见经传的穷小子在57岁时成功当选美国州长。

今天如果你想成为一个事业顺利、生活幸福的人，就要明确自己想要什么，并为自己想要的东西制订一连串的计划，有了明确的规划，表面上看起来你和以往没有什么不同，但是因为看得远了，眼界开阔，做起事情来就会更主动，也会更清晰明快。相信经过不断地进步和积累，你早晚会发生质的变化，从一个一无所长的丑小鸭，变成众人瞩目的白天鹅。

勤于思考，不仅能让我们很快地明确自己人生的旅程，也能让我们的每一步行动都有章可循。就像做每一个项目前，都有一张进度表一样，我们也应该为自己的人生制订好进度表。

第三，我们的思考要以现实为依据，并最终回归现实；不能以猜想为依据，最终回归幻灭。我们思考每一件事情，都应该考虑自己的实力，越是能力弱的时候，进步越是缓慢，而一旦步入正轨，进展就会变得神速，因此我们要把第一阶段的目标定得低一些，实现的时间定得长一点，这样才能够鼓励我们完成以后的任务，并且不惧怕失败。我们要依据现实调查而来的结果来确定任务，而不能凭空臆测或者仅凭自己的直觉。

总之，只要你有梦想，就会有实现的可能，关键是看我们能不能根据现实情况去思考，有没有明确的规划和不断的努力，只有这样，才能让梦想的阳光照进现实的空间。每一个年轻人，都应该自我审视，然后调整自己的理想和规划，调整自己做事的方式。只有这样，当关键时刻到来时，我们才能够做出最适合自己、最有利的选择，才能够实现自己的梦想。

我们一定要常常问问自己想“怎么活”，只有经常思考，才能促使年轻人进步，当我们明确了自己的奋斗目标，并对此有自己成熟的思考时，我们实践起来才会更简单，也会更快地见到成效。

## 不要盲目地模仿别人，而要选择适合自己走的路

每个人对于社会来讲都是特别的，我们对于成功的定义都不一样，不同的人有不同的人生目标，对自己有不同的人生定位。每个人应该走的路不同，自然就有不同的选择，在各方面的努力也就不同。所以，年轻人不要盲目地模仿别人，而要选择适合自己走的路，要坚持走自己的路。

世界上没有两片完全一样的树叶，也没有两个完全一样的人。每个人都对自己的成长之路有不同的看法。前几天，我翻看一本时装杂志，服装的款式多得数不胜数，搭配更是五花八门，让人眼花缭乱。虽然相较于女性服饰来讲，男性服饰的

款式不是特别花哨，但是也不乏一些很有新意的作品。在生活中，有些男士的穿着受传统观念的影响较深，不敢尝试一些新的搭配，这就会让他们在人群中显得普通平凡，而有些大胆前卫的男士，则会尝试不同的风格，在不会让人觉得怪异的前提下，又能在人群中脱颖而出。

其实我们选择人生的路和我们选择衣服的道理是一样的，不要因为他人的喜好而改变自己的风格。别人的糖可能是你的毒，盲目地模仿别人，只能落得灰头土脸的结果。你想要如何做选择，就如何做，只要你认为这是对的，是有发展、有未来的，你就勇敢地去做。

我们要学会鲁迅先生的“拿来主义”，去芜存菁、挑挑拣拣以后再来用。并不是每个人都适合成为生活中的绝对强者，也并不是每个人都习惯碌碌无为地活着，我们对自己的人生都有各自的志向，不能因为他人的一句话就改变自己一直坚持的路线。对于那些所谓的“人生经验”，我们还是不要拿过来就用才好。每个人都有自己的人生角色，这不仅取决于你的人生定位，有时候也取决于你的性格和人生观。如果你对“人格独立”“尊严”格外看重，甚至觉得不依靠自己来生存，就会失去你的人生价值，觉得最能体现自己价值的就是对工作的贡献，唯有如此，才能被其他人认可，才能被其他人看重、尊重，那么，你就有成功的潜质。

如果你对工作的看法仅仅是“无所谓”，不过是“自己赚钱买花戴”或者“维持自己最起码的生存权利，以防不测”，这样，工作、事业对于你来说，就仅仅是一个保障。你对工作不会排斥，但也不会太热情。你不是一个工作中的强者，既不会让工作干扰到你对生活的“享受”，也不会因为“享受”生活，而忘了生存“危机”。你是一个想要得很多、很完美，但是往往两方面都有缺憾的人，也许会很累、很辛苦，但很幸福。每个人的人生都有缺憾，而你的缺憾是最小的、最少的。

一些人把工作看成是一种负担，把自己的全部都压在对未来婚姻、爱情的期盼上。我不能诋毁这样的年轻人选的道路，只能提醒你们，要把这条路走好。因为这是一条格外危险的路，尽管有时看起来很平坦，但越是平坦的路越隐藏着危机。就像一种小鸟，尽管它的巢做得坚韧、牢固，但也抵挡不住一阵狂风暴雨，因为它把自己的巢穴安在了芦苇秆上。

每个人都有选择道路的权利，在踏上道路之后，才发现自己是一头骆驼，却选择了疆场；或者自己是一头牛，却选择了山林，这不仅贻笑大方，甚至会有性命之忧。在选择的时候，我们要看清自己的处境，清楚自己适合走哪一条道路。慎重地做出选择吧，不要盲目地模仿别人，不然会失去自己的本色。

## 方向错了，再怎么努力也是徒劳

上学期间，我们都曾经学习过《南辕北辙》的课文。这个历史典故之所以千古流传，至今依然被我们广泛学习，就是因为它为我们揭示了一个深刻的道理，即人生只有选定正确的方向，努力才能事半功倍。一旦方向错了，即使我们再怎么努力，也无法达到预期的效果。

现实生活中，在人生之中，也许有很多朋友都无法保证自己的人生方向是正确的。这也难怪，我们每个人的人生经验都是有限的，人生阅历也非常少，再加上视野的局限等原因，我们的选择难免会出错。所谓人无完人，金无足赤，毫无疑问，没有人能够绝对保证自己是正确的。在这种情况下，我们应该仔细斟酌，选对方向，让自己的人生更加目标明确。

很久以前，有个魏国人准备去楚国。他在出发之前，先是雇用了一个经验丰富的车夫，再为自己准备了一辆上好的马车，买了好几匹骏马，然后带足盘缠就出发了。他并没有辨识魏国和楚国的方位，就不分青红皂白地命令车夫赶着马车一路往北走。然而，楚国在魏国的南面，他这么走只会距离楚国越来越远。遗憾的是，这个人丝毫没有意识到问题的严重性，而是依然命令车夫快马加鞭，加速赶路。

途中，他遇到了一个行人。行人看他行色匆匆，风尘仆仆，便问他：“老乡，你这是要去哪里呀？”他大声说：“楚国。”行人疑惑地问：“你从魏国去楚国，应该一路向南啊。但是你却往北走，岂不是越走越远吗？”这个人毫不在意，说：“没关系，我的马都是骏马，体力充沛。”行人看到他答非所问，哭笑不得，又说：“你还是掉头往南吧，你的马跑得越快，你就距离楚国越远。”这个人依然毫不在意，说：“没关系，我有很多盘缠。”行人很着急，又拉住马的缰绳说：“你的方向错了，你有盘缠也都是白白浪费了。”不想，这个人心急如焚地想要赶到楚国，不由急赤白脸地说：“你这个人怎么回事，我的车夫驾驶经验丰富，赶车本领很高，我当然能到楚国。”无奈之下，行人只好松开缰绳，任由这个魏国人一路向北，“赶往”楚国。

从魏国去楚国，应该朝南走，但是魏国人虽然做足了准备，却偏偏选错了方向，一路向北。这样一来，他必然距离楚国越来越远，甚至再也不可能到达楚国。此外，因为方向错误，他的骏马、充足的盘缠和经验丰富的车夫，全都从有利的条件变得无利，甚至会对这场旅行起到完全相反的效果。这就是一意孤行的严重后果。他走的时间越长，就距离目的地越远。由此可见，我们不管做什么事情，都必须确定正确的方向，然后才能让自己付出的努力得到应得的回报。

现代社会，有很多年轻人看似整日奔波忙碌，但是最终并没有取得很好的成绩。究其原因，就是他们并没有找准人生的方向，让自己的很多付出都变成了无用功。甚至，他们还会因为方向错误，导致事与愿违。总而言之，一旦方向错了，不管我们走出去多远，都会距离目标的实现越来越远。这就像是很多孩子在穿衣服的时候不小心扣错了纽扣，那么随之扣好的纽扣必然都是错误的，导致我们重新扣纽扣时，还需要解开那些扣错的纽扣。

对于人生，每个人都有自己的规划。在这种情况下，我们必须谨慎思考，慎重展开行动，才能最大限度地发掘出自身的潜力，发挥出自身的实力，从而创造自己的人生，收获人生的成就。记住，方向比努力更重要。我们唯有选择正确的方向，才能集中精力刻苦攻关，才能让自己有所成就。因此朋友们，当你们感到迷茫的时候，不如停下来反思自己是否找到了正确的方向。唯有选对方向，我们才能事半功倍。

## 生活不只有苟且，还可以选择诗和远方

对于生活，很多人的态度就是将就，然而生活不只有苟且，还有诗和远方。既然如此，我们有何理由怠慢生活呢？每个人都是生活的主角，要想拥有充实的人生，就要成为生活的

导航者，让生活朝着我们既定的目标和方向不断地前行。不得不说，这个世界是个繁华的舞台，在这样的大舞台上，每个人都可以成为自己人生的主角，演绎自己与众不同的精彩生活。从呱呱坠地开始，人生就在这个舞台上拉开序幕，既然如此，我们就要肩负起一个好演员的责任，圆满地完成一场演出。哪怕在演出的过程中遇到坎坷和挫折，遇到意想不到的困难和阻碍，我们也依然要坚持完成整场演出，这才是真正的精彩。假如我们在舞台上的表现太过平淡无奇，那么未免对不起来人世间走一遭。

人人都知道，要想改变这个世界是很难的，因为这个世界客观地存在，根本不会因为任何人的心而改变。但是我们并非没有途径改变世界，当我们改变自己的心态，就能间接地掌控人生，也能成功地改变周围的世界。毫无疑问，那些对人生采取凑合态度的人根本没有好心态。所谓好心态，简单而言，就是对待人生充满理智，对待自己从不过分地苛求。每个人都要意识到，生活不会永远按照一个人的所思所想去发展。所以我们唯一能做的是绝不忽视生活，适度地对生活妥协。需要注意的是，妥协不是投降，妥协的目的是与生活更好地融合，和谐共生。从这个意义上而言，好心态既不是完全从自己的角度出发，也不是纯粹地改变自己，而是找到自己与生活磨合的最佳角度，从而让生活与个人发展相得益彰，两全其美。

珍珍大学毕业后没有从事教育的行业，虽然她是从师范院校毕业的，但是她的理想不是成为一名优秀的教师。她早就知道销售行业收入很高，因而她想从销售职位做起，让自己获得成功，也能够在这个大城市立足。为此，她一毕业就四处应聘销售的工作，最终几经周折，经过严格的层层面试，才得以进入一家房地产公司从事销售工作。

时间总是过得飞快，转眼之间五年过去了，珍珍从一个不谙世事的年轻业务员，成为了公司的资深业务经理。每个季度，她在公司的销售业绩都排名靠前，因为出色的表现，领导也非常器重和赏识她，同事们在遇到难题的时候也总是第一时间向她求教。这样一来，珍珍在公司里的人气非常高，同事们也对她佩服得五体投地。

前段时间，公司里进行人员大调整。珍珍所在大区的区经理调动到其他城市当分公司总经理，因而大家都疯传珍珍一定会成为公司里最年轻的大区经理。对此，珍珍心照不宣，她暗暗想道：如果我真的能够成为区经理，那么以我28岁的年纪，无疑已经创下了公司里最年轻大区经理的记录。然而，正当大家都觉得珍珍荣升区经理是板上钉钉的事情时，公司公开了新任区经理的名单。出乎所有人的预料，珍珍并没有顺利荣升区经理，而是另一个比珍珍资历更老的部门经理荣升了区经理。

对此，珍珍感到很难接受，她甚至想到了辞职，因为她觉得自己没有颜面继续留在公司工作。实际上，珍珍并没有颜面尽失，朋友们也劝珍珍不要因为一时的意气用事就放弃这么好的工作机会。然而，珍珍这几年来已经习惯了高高在上顺风顺水，所以她很难接受这样意外的打击，最终还是选择了黯然离开。

在这个事例中，珍珍并没有任何损失，领导者自始至终也没有给珍珍任何承诺，只是因为大家都理所当然地认为珍珍够格担任大区经理，所以珍珍觉得自己升职加薪是板上钉钉的事。可以说，珍珍主观使然，最终导致自己产生了严重的心理落差。这样一来，她原本对待工作积极乐观的心态也发生了巨大的改变。

不管是在生活中还是在职场上，我们必须意识到，很多事情并不会以我们的意志为转移。因此，任何时候我们都不应该对没有发生的事情妄下定论，也不应该把一切事情都想得太过简单和美好。最重要的是，当事情并没有往我们预期的方向发展时，我们不能因此就退缩。记住，任何时候，成功只属于坚持到最后的人，我们反而应该在这样的挫败中塑造起坚强的自我，最终找到通往成功的道路。

生活绝不是将就凑合，但是生活也不能过于认真，对于生活中人力无法改变的事情，我们唯有坦然地接受，才能顺利度过关键时刻，让自己凤凰涅槃，浴火重生。否则，如果我们总是和自己较劲，那么就难以熬过这样的艰难时刻，更难以让自己摆脱困境，获得更好的发展。记住，没有谁的人生会是一帆风顺的，所谓的万事如意，只是人们在给他人的祝福话而已。现实生活中，真的没有万事如意，更没有随心所愿，很多时候命运似乎在捉弄我们，总是与我们的愿望背道而驰。在这种情况下，除了坦然接受命运的挑战，找机会改变和战胜命运之外，我们并没有其他的选择。记住，笑到最后的人才是笑得最好的人，成功永远只属于真正的强者。

## 人生要积极主动，被动选择只能趋于平庸

每个人的梦想都是美好而璀璨的，但现实中，却很少能见到全力以赴去实现自己梦想的人。人生中最遗憾的，莫过于想做的事很多，但自己却没有为其做出一点努力，以至于最后一事无成。

有些人自称完美主义者，他们总要等到时机对了，所有条件都符合以后，才愿意去付出行动，但现实是，那些被动的人平庸一辈子，恰恰是因为他们一定要等到每一件事情都百分之百的有利，万无一失以后才去做。这是不明智的，这只会让他

们陷在前期准备的泥沼里。

1.立即行动

希望永远都只存在于今天，只有今天才是我们真正能够把握的一天，不要把希望寄托在未来的某一天，一旦你确定了自己的目标，就要立即行动。只有行动，才会让我们不断超越对手，超越自己。

2.成功是有方法的

成功是有方法的，当你能确定自身的目标和实现目标的方法时，你要做的就是学习那些成功人士的方法，将他们身上的优点和潜质移植到自己身上。

3.激发无限可能

即使你在人生最艰难的时候也不要放弃努力工作，你要鼓励自己，永远积极主动地去寻求问题的解决方法，这样才能激发自身无限的潜能，时刻享受人生的精彩。

用来判断人们是否具有能力的基础，不在于人的头脑中存有多少新奇的创意，而是人们真正付出的行动。而一个人要实现自己的梦想，最重要的是要具备以下两个条件：勇气和行动。勇气，是指放弃和投入的勇气。一个人要为某个梦想而奋斗，就一定要放弃目前自己坚守的某些东西。而投入，是指一旦确定了值得自己去追求的梦想，就一定要全身心投入。心想不一定事成，事成的前提是全力以赴去做，只要你肯积极行动，你就会离成功越来越近。

世界上有多少人，就会有多少梦想，但为什么有很多人的梦想没能实现？原因仅仅是他没有付出相应的实际行动。即使有一个宏大的目标，有一个很好的发展机会，若没有付出相应的努力，就不会取得成功。

# 第二章

# 肯定自我，努力修炼强有力的决策能力

## 肯定自我，看到自己的价值

自卑是一种什么状态？自卑的人常常觉得自己一无是处，看不到自己的未来，人生总是充满着灰暗。是啊，如果陷入了这个泥沼，真是苦不堪言，内心无比纠结与痛苦，所以我们要学会欣赏自己，肯定自己，摆脱自卑的困扰。要学会欣赏自己的优点，不要只是抱怨自己的不足，要放下自卑，迈向成功，这样才会幸福。

在我们的日常生活中，很多人都对自己缺乏自信，也许是因为生活的贫穷，也许是因为长相的平凡，也许是因为能力的不足。然而，有时候自卑只是自己给自己施加的压力造成的，这时候，我们应放下包袱，好好地正视自己，给自己加油，这样自卑才会消失。当我们远离了自卑，就会发现离幸福越来越近了。

有这样一个年轻人，生活非常落魄，有一天他决定去巴黎找一份工作，于是他就去拜访他父亲的一位朋友，希望这位叔叔可以给他提供一些帮助。

“你的数学怎么样？”叔叔问。年轻人羞涩地摇头。

“那么历史和地理呢？”年轻人还是不好意思地摇头。

“那法律怎么样？”这时候，年轻人的头垂得越来越低，面对这位叔叔一连串的询问，他非常羞愧。他感觉自己似乎没有任何长处，连丝毫的优点也找不到。

“好吧，你把自己的住址写下来吧，我为你打听打听有没有什么工作你先做着。”叔叔最后说。

尽管满心的羞愧，但是年轻人还是认真地写下了自己的名字和住址，转身要走，却被这位叔叔一把拉住了：“你的名字写得很漂亮嘛，这就是你的优点啊。”把名字写好也算一个优点？年轻人在对方眼里看到了肯定的答案。

我能把名字写得叫人称赞，那我就能把字写漂亮，能把字写漂亮，就能把文章写得好看……受到鼓励的年轻人，一点点地放大着自己的优点，他的脚步立刻变得轻松。

想不到的是，多年以后他的梦想真的成真了，他写出了享誉世界的经典作品。这个年轻人就是家喻户晓的18世纪法国著名作家大仲马。

还有一个故事，相信大家也会有所触动。

有一个小姑娘，她最大的梦想就是想让自己的歌声飘在世界的各个角落，成为一个出色的歌唱家。可是她长相不好，尤其是她是个龅牙，她第一次在一家夜总会面对众人公开演唱时，一直试图把上嘴唇拉下来以遮盖牙齿，期望能表现得好看一些，结果却适得其反，出尽洋相。

此时的她非常失望，对于外表的自卑让她内心认定了自己的失败。可是这时，有一个人却感觉这是一个很有天赋的小姑娘，他说："我一直在看着你的表演，并且明白你想掩藏自己，你是不是感觉自己的牙齿长得很难看？"小姑娘显得非常窘迫，可那人依然接着说："牙齿的缺陷不是什么罪过，你不要刻意去遮掩，你的歌唱得真不错，你却看不到这一大优点，大胆去张嘴唱歌，假如你自己不在乎的话，观众也会喜欢的，也许那些你想遮起来的牙齿还会给你带来好运呢。"

听完这一番话，小姑娘信心倍增，她学会了忘记自己的缺点，演唱时一心只想观众，完全投入歌唱，她张大嘴巴，热情欢快地唱，终于成为一名家喻户晓的明星，很多演员现在都刻意模仿她呢。

我们总是羡慕别人的优点，挑剔自己的缺点，所以我们在经历各种诱惑和挫折之后，按照别人喜爱的模样，按照别人的优点不断地修剪自己，把自己变成另一个模样。在这个过程中，我们独独忘记了欣赏自己的优点。

其实，每个人都是一道亮丽的风景，每个人都有自己的优点和长处。尽管我们并不完美，但是我们依然有自己美好的一面，有自己独特的优点。如果我们能够多发现自己身上的美，多欣赏自己的优点，我们便会变得越来越好。

怎么才能更好地挖掘自己的优点呢？

1.正确认识自己

连自己都不了解，你怎么能挖掘出自身的优点呢？所以，我们要学会好好地审视自己，正确认识自己，看到自己的长处和短处。只有我们正确认识自我，在取得成绩时，才能保持平常的心态，不会因此而骄傲自满，丧失自我，对自己的能力进行过高的估计；只有我们正确认识自我，在遇到挫折和失败时，才不会被其击倒，一如既往地为着自己既定的目标而努力，不会对自己进行过低评价。

2.探寻自己的兴趣爱好

兴趣爱好是一个人更为有成就感的一个方面。面对自己的兴趣爱好，你会非常拼命地去把它做得更好，这样，你就能够比很多人做得更加出色。这就是你的优势所在。

## 相信自己，才能激发出自身的潜能

从本质而言，每个人都拥有无限的潜能。曾经有心理学家研究发现，每个人在人生的过程中开发的潜能不足十分之一。从某种意义上说，人的潜能就像是原子反应堆里的原子，其能量也许瞬间就能爆发出来，做出令人惊叹不已的举动，甚至创造人生的奇迹。潜能就像是我们身体中沉睡的宝藏，也像是一位正在酣睡的巨人，等着我们将他唤醒。只要能够把潜能发挥得恰到好处，我们就能成为伟大的科学家，就能成为举世闻名的艺术家，就能成为自己想成为的任何人。不管他人怎样评价我们，也不管在成就自己的过程中遇到怎样的艰难坎坷，我们唯独需要相信自己，这样才能激发出自身的潜能，也才能获得更加伟大的成就。

当大部分潜能被激发出来，人几乎是无所不能的。只要想做一件事情，并且信心坚定，那么潜能就会帮助他获得成功。当潜能爆发出原子反应堆那样的伟大力量，人生就再也不缺少奇迹。曾经有人在特别危急的情况下，激发出自身的潜能，做出了让自己都瞠目结舌的事情，然而等到危急的情况过去，他们想再找回曾经的潜能，却变得非常困难。如何才能让潜能不是昙花一现，而成为人生的常态呢？假如有人告诉你，你可以掌握几十个国家的语言，可以得到十几个博士学位，甚至能够背诵整本的百科全书，你一定觉得这是天方夜谭，甚至觉得是对方的脑袋陷入混乱才会这么说。实际上，这并不是天方夜谭，这是有科学和理论根据的。有专家经过研究发现，哪怕是像爱因斯坦那样伟大的发明家，也只是激发了十分之一的潜能而已。由此可见，如果我们能够激发出大部分的潜能，那么人生一定能够腾飞。

只要你相信自己，你就一定能够做到这一点。毋庸置疑，潜能是人最为珍贵的宝藏，但却始终处于沉睡的状态。无数科学家研究的成果告诉我们，每个人身上都有着巨大的潜能，我们唯一需要做的就是激发自己的潜能，让自己变得无所不能。看到这里，你是不是觉得非常惊喜呢？因为你只用了自己不到十分之一的能力，而你的大部分能力都在酣睡，如果你能够激发出自己更多的能力，那么你就能够创造人生的奇迹，也能够轻而易举地实现人生目标。

美国人梅尔龙19岁在战场上受伤之后，就被医生判断为终身残疾，不得不依靠轮椅代步。整整12年的时间里，他从未离开过轮椅。毫无疑问，他对自己的行走能力已经彻底失去了信心，为此，他非常沮丧和绝望，甚至因为自己不得不被禁锢在轮椅上而借酒浇愁，麻痹自己。

有一天，梅尔龙和往常一样在酒馆里喝酒到很晚，直到夜色深沉，醉醺醺的他才驾驶轮椅准备回家。在回家的路上，三个歹徒拦住了他。歹徒看到他是残疾人，知道他无法站起来，因而就肆无忌惮地抢夺他的钱包。他拼命地喊叫，希望得到其他人的帮助，不想这个举动却激怒了歹徒。在抢走了他的钱包之后，气愤的歹徒居然放火点燃了他的轮椅。看着燃烧的轮椅，梅尔龙忘记了自己是一个已经瘫痪了十几年的残疾人。惊慌之中，他居然从轮椅上站起来，而且不顾一切地跑了整整几百米。直到确定自己已经脱险，他才意识到自己居然在奔跑。他被自己吓到了，不由得站在原地。

事后回忆起当日的经历，梅尔龙说："我当时头脑里一片空白，唯独害怕自己被烧死，我也不知道自己是怎么从轮椅上一跃而起，玩命奔跑的。直到停下脚步，我才意识到自己居然从轮椅上站了起来，而且跑了这么远的路。"如今，梅尔龙已经像一个正常人一样，而且还找到了属于自己的工作。

从梅尔龙的亲身经历中，我们不难看出人的潜力是非常巨大的，作为一个已经瘫痪在轮椅上十几年的人，他甚至为此感到绝望而借酒浇愁，也始终没有想过自己应该站起来，尝试着走一走。直到生命受到歹徒的迫害，轮椅熊熊燃烧，他才在死亡的威胁下忘记自己的残疾，也忘记内心的禁锢，因而一跃而起，足足跑了几百米。不得不说，这就是潜能的力量，也是生命的奇迹。

## 主动去做一些事，尽早实现自己的梦想

身处大千世界，人们的喜好也多种多样。每个人都有自己喜欢并能主动做的事情，也有不喜欢、不情愿做的事情。作为

年轻人，为了要实现自己追逐的梦想，有时候就要做一些我们不太喜欢的事情。与其被动承受，不如我们主动去做。那些我们不愿意去做的事情，可能就是阻碍我们成功的石头，什么都要了解一些，才会对我们今后的发展有一定的推动作用。

年轻人在初入社会的时候，很多事情不是自己能左右的，这其中必定有我们不喜欢做的事情，但是这就如同为了身体健康我们必须戒烟一样，在生活中，我们也必须要做一些自己不愿意做，但对我们的身体、精神或者前途事业有益的事。主动地做一些自己不情愿做的事，就是要求我们战胜自我、控制自己的理智。谁不喜欢温厚醇美、甘甜酥脆的食物和肥肉烈酒，谁不喜欢重重叠叠的轻软细柔、暖和厚实的衣服，谁不喜欢出入都乘坐轿车，谁不喜欢幽深的住宅、清凉的宫室，谁不喜欢前有越国的美女，后有齐国的佳人，但是，放纵耳目的嗜欲，恣肆肢体的安逸，只会损伤我们的身体，消磨我们的意志。

每一位成功人士都在社会上历练过，吃苦对于他们来讲是稀松平常的事情。年轻人都怕吃苦，怕受累，但为了将来不吃苦，无论现在多么辛苦，都要学会接受。我们不但要忍受被动地吃苦，还要积极主动地吃苦。为了大局，我们要积极地做一些不情愿做的事，甚至积极做出牺牲。

李健原本在办公室做一些策划工作，虽然不是金领，但是衣食住行的质量都不差，自身也颇得领导的信任依赖。后来，公司上层决定在西部进行市场开发，每个部门都必须选几个人去，公司里没有一个人愿意去新的部门，因为在这里不但物质条件优越，而且站稳了脚跟，谁能保证一次西部开发活动不会把自己的终身陷落在那里？李健的想法也是如此，但是他并没有明确地表示出自己的态度，而是继续观察事态的发展。之后看到领导的眼光几次都落在他身上，一副欲言又止的样子，他明白自己这次是躲不过了，但他并没有被动地等待领导的吩咐，而是向上级主动请缨，并表现出一副激情四射的样子。看在他主动请缨、热血沸腾的劲头上，他成了整个西部市场的总经理。7年之后，他又回到了公司总部，但他已不再是办公室的毛头小伙，而是理所当然地成为了公司上层管理人之一。

血气方刚的年轻人谁不想在事业上有番成就？自己拿手的事情自然不用领导多说就能做得很出色，而对于自己不喜欢、不想做的事情，首先在信心上就会差一点，其次也怕自己这次做不好，会毁了以前的努力。其实，对于这些，年轻人不要有太多的心理负担，把它当作一次历练的机会就好，初入社会的我们应该多了解一些东西，这不仅为自己积累了经验，更为自己以后的发展多试了条路。

一个思想成熟的人，首先是一个自制的人，一个能用理智去驾驭自己的人。年轻的我们要试着驾驭自己，主动做一些不情愿做的事。学会不随心所欲，是一个人成熟的标志。

在日本，坪内寿夫家喻户晓，他是日本经济界举足轻重的人物。年轻的时候，坪内寿夫曾经非常喜欢抽烟喝酒，每天要喝一升酒，抽80支烟。有一天，他去银行办理贷款，银行的办理人员对他说："坪内先生，你抽烟这么厉害，我们很为你担忧呀。"听了此言，坪内十分吃惊："我自己抽烟跟你们有什么关系呀？""这当然有关系了，坪内先生。"对方指着桌上的一个烟灰缸，真诚地说道："你看，只一小会儿的工夫，你就积存了满满一缸的烟灰，而且我注意到你每次来都是这样，长此下去，肯定会影响到你的健康的，你可是我们的大客户呀！"坪内当然也从家人和朋友那里听到过抽烟的坏处，但这一次他终于明白了：抽烟不仅对自己的健康有害，而且还会严重影响到自己的一系列商业行为。他当即决定戒烟，但对于他这样抽烟如此厉害的人来说，戒烟谈何容易？第二天，他一连抽了200支烟，抽得自己口干舌燥，嗓子冒烟，直想呕吐。从此以后，他真的再也没有碰过烟。他又听从医生的建议，坚决地把酒也戒了。后来，坪内寿夫拥有了日本最大的造船厂和钢铁厂，还拥有银行、饭店等许多产业。在日本，他甚至被人们公认为"神"。

坪内寿夫之所以能有那样的成就，与他对自己的"狠劲"是分不开的。冷静的头脑和强大的自制力是我们取得成就不可缺少的后盾。"心魔难除"，要战胜自己不是件容易的事，关键时刻，我们要用理智克制自己的欲望，不为内外的诱惑所动。积极地做自己不愿意做的事，就是对自己自制力的锻炼，只有做到了随心所欲不逾矩，才会对我们未来的事业更有益。

年轻人常常在工作中挑肥拣瘦，总是选择那些看起来风光的工作，对于表现不出自己的能力，或者大家都不愿意挑战的工作，自己也不会主动请缨，总会告诉自己多一事不如少一事。但是，年轻人，你有没有想过，在工作中总做那几件事，你又会有多大的成就呢？难道一直到退休，你都要反复地做着你熟悉的事情，而对那些不熟悉、你不喜欢的工作不闻不问吗？那么，试想一下，你的将来会是怎样的？你成功的概率又有多大？

所以，不如趁着现在多做一些事情，喜欢的也好，不喜欢的也罢，这些事情都会给你留下宝贵的经验。只做自己喜欢做的事，这样的人是非常狭隘、非常幼稚的，不可能有大的作为。在初入社会的时候，要以学习为主，多为自己的将来打基础，随着年龄的增长、视野的开阔，势必会越来越接近你的目标。

## 相信自己，你就能成功

一个人，究竟为什么无所不能，是因为他们有独特的天赋吗？还是因为他们自认为运气很好，总是能够得到命运的青睐？亦或者是因为他们拥有好人缘，所以觉得自己一定能够从他人那里得到助力呢？其实都不是。一个人之所以能够实现梦想，获得梦寐以求的成功，就是因为他们相信自己能够成功，这就是相信的伟大力量。

试想，在做一件事情之前，你就对事情能否获得成功感到担忧，甚至为此犹豫不定、止步不前，因为你不相信凭着自己的努力可以创造奇迹。在这样的情况下，你还会激发出自身的全部力量，在人生的道路上勇往直前吗？当然不会。你会踌躇不前，也会因此而错失很多千载难逢的好机会，甚至还有可能彻底与失败结缘，失去任何成功的可能性。由此可见，要想把一件事情做得成功，最重要的就在于相信自己。相信不但是对自己的信念，而且是非常强大的力量，可以激发我们的潜能，昂扬我们的斗志，让我们在通往成功的道路上更加坚定不移地勇往直前。

很久以前，有一个牧羊人，以给人放羊为生。他的家境很贫寒，但是他也很幸运，因为他有一对可爱的儿子。每次去放牧羊群的时候，牧羊人都会带着儿子们一起。当走到阳光温暖、水草丰茂的地方，牧羊人把羊安顿好，就会带着儿子们一起躺在向阳的山坡上晒太阳。

有一天，他们正躺在草地上聊天，突然，天上飞过一群鸟儿。看着鸟儿在高高的天空中自由自在地翱翔，两个儿子玩兴大发，当即从山坡上爬起来，尝试着蹦蹦跳跳。但是，他们不管怎么努力，都不可能像鸟儿一样飞到天空里。大儿子沮丧地问爸爸：“爸爸，为什么鸟儿有翅膀，我们却没有呢？”小儿子也撒娇地对爸爸说：“爸爸，我也想和鸟儿一样飞到天空中。”爸爸笑着抚摸着小儿子的脑袋，又看着大儿子的眼睛，非常认真地说：“只要你们想飞，总有一天，你们也可以飞起来。”两个儿子都对爸爸的话感到难以置信，但是看着爸爸的眼睛里熠熠闪光，他们又很想相信爸爸的话。从此之后，他们就把飞上天空作为人生的梦想，总是想方设法研究如何才能长出翅膀。

1903年，两个孩子在深入研究鸟儿和风筝的飞行原理之后，居然真的制造出了人类有史以来的第一架飞机。这架飞机的诞生，不但意味着兄弟二人实现了梦想，而且意味着人类飞天史向前进了一大步。他们，就是大名鼎鼎的莱特兄弟，为推动整个人类航天事业的发展做出了伟大的贡献。

莱特兄弟很幸运，因为在他们年幼的时候，父亲就在他们的心中种下了飞天的梦想，让他们坚定不移地相信自己未来一定能够飞起来。正是因为具有相信的力量，他们才能在未来几十年的时间里始终坚持不懈地研究飞翔，也最终制造出了世界上第一架真正意义上的飞机。

古今中外，那些成功者之所以获得成功，首先都是因为他们很相信自己。在若干年前，宇宙对于人类是一个谜，而今天，飞天已经不再是梦想，人类若干次踏上征服宇宙的征程，也真正地把脚印留在其他的星球上。尤其是载人航天的实现，更是让人类对于宇宙的探索进入了崭新的阶段。

记住，不管你是独具天赋的人才，还是普普通通的平凡人，都要相信自己的梦想，也要具有坚定不移的力量支撑起自己的人生。否则，如果你对于自己想干的事情都怀着迟疑的态度，也不确定能够实现梦想，那么你的力量就会减弱，你实现梦想的可能性也会变得越来越渺茫。记住，自信就是每个人的翅膀，一个人越是自信，越是坚定不移地相信自己，他的力量就会越强大，他的内心也就会越从容。因为相信，所以相信；因为相信，所以强大；因为相信，所以有奇迹。

## 深入地了解自己和诚实地面对自己

我们每个人从出生起，就在不断认识世界，接受外在世界赠与我们的一切，我们学会了很多，包括科学文化知识、审美、与人相处等。在这个过程中，我们很少认识自己，甚至总是在逃避认识自己，因为认识自己，就意味着我们必须要接受自己“魔鬼”的一面，这对于我们来说是痛苦的。但如果我们想实现自己的追求、成为更优秀的人，就必须要认识自己，就像剥洋葱一样，一层一层寻找到最本真的自我。

有人说，“成功时认识自己，失败时认识朋友”，这固然有一定的道理，但无论何时，认识自己都应坚持辩证的观点，既不忽视长处和优点，也要认清短处与不足。同时，自我反省、认清自己还能帮助我们做回自我，只有这样，才能获得重生。

成功学专家安东尼·罗宾曾经在《唤醒心中的巨人》一书中非常诚恳地说过：“每个人都是天才，他们身上都有着与众不同的才能，这一才能就如同一位熟睡的巨人，等待我们去为他敲响钟声……上天也是公平的，不会亏待任何一个人，他给我们每个人以无穷的机会去充分发挥所长……这一份才能，只要我们能支取，并加以利用，就能改变自己的人生，只要下决心改变，那么，长久以来的美梦便可以实现。”

尺有所短，寸有所长。一个人也是这样，在这方面弱一些，在其他方面可能就强一些，这本是情理之中的事情。找到自己的优势和承认自己的不足一样，都是智慧的体现。其实每个人都有自己的可取之处。比如，你也许不如同事长得漂亮，但你有一双灵巧的手，能做出各种可爱的小工艺品；又或者你现在的工资可能没有大学同学的工资高，不过你的发展前途比他的更大等。

所以，对我们而言，最重要的不是认清他人，而是先看清自己。要先了解自己的优点、缺点、长处和短板，才能在实践中发挥优势，弥补不足；而如果我们一直看不到自己的优势，就会让自己沿着一条错误的道路越走越远，我们的能力与优势也就受到限制，甚至使自己的劣势更加劣势，使自己处于不利的地位。所以，从某种意义上说，是否认清自己的优势，是一个人能否取得成功的关键。

要想发展自身的优势，首先要肯定自我价值，这不但有助于我们在工作中保持正面的积极态度，进而转换成积极的行动，更是一项超强的利器。马克思说："自暴自弃，这是一条永远腐蚀和啃噬着心灵的毒蛇，它吸走心灵的新鲜血液，并在其中注入厌世和绝望的毒汁。"积极乐观的人永远是最可爱、最美丽的。为此，我们需要做到的是：

1.发现自己的优势

首先是明确自己的能力大小，给自己打分，通过对自己的分析，深入了解自身，从而找到自身的能力与潜力所在。

（1）我因为什么而自豪

通过对自己最自豪的事情的分析，我们可以发现自身的优势，找到令自己自豪的品质，如坚强、果断、智慧超群，从而挖掘出我们继续努力的动力之源。

（2）我学习了什么

我们要反复问自己：我有多少科学文化知识和社会实践知识？只有这样，才能明确自己已有的知识储备。

（3）我曾经做过什么

经历是一个人最宝贵的财富，往往可以从侧面反映一个人的素质、潜力状况。

2.挖掘出自己的不足

（1）性格弱点

人无法避免与生俱来的弱点，必须正视，并尽量减少其对自己的影响。例如，如果你独立性太强，可能在与人合作的时候，就会缺乏默契，对此，你要尽量克服。

（2）经验与经历中所欠缺的方面

“金无足赤，人无完人”，每个人在经历和经验方面都有不足，但只要善于发现不足，努力克服，就会有所提高。

3.常做自我反省，不断进步

日本学者池田大作说：“任何一种高尚的品格被顿悟时，都照亮了以前的黑暗。”只要你能做到自省，就有了一种高尚的品格！当你取得了一定的成绩后，切不可沾沾自喜、妄自尊大。人最难能可贵的就是胜不骄败不馁，懂得自我反省，才会不断进步。

你只有诚实地面对和了解自己，与自己的内心对话，才能非常了解自己，找到自己的优点和缺点，同时不断地改善自己的缺点。这样，才能使自己的劣势变为优势，才能做到查缺补漏，从而不断地超越自己。

# 第三章

# 左右两难时，如何选择让自己不留遗憾

## 左右迟疑，只能白白让机会溜走

生活中，我们常常需要做抉择——实行或者不实行，我们总是试图通过我们最精确的思维，获得我们最想要的结果。但实际上，很多时候，我们正是因为思考过多，瞻前顾后，不敢行动，成功的机会也就在“做”与“不做”的犹豫之间流失了，留下的也只有遗憾。曾经有人说过，这个世界上，最可怜的人就是那些瞻前顾后、不懂取舍的人，他们正是因为左右摇摆，而最终一事无成。

生活中的我们，都应该记住这个道理：只要是自己认定的事情，绝不可优柔寡断。犹豫不决固然可以免去一些做错事的机会，但也可能失去成功的机遇。

这个道理同样可以运用到生活中的其他方面，在你决定某一件事情之前，你应该运用全部的常识和理智慎重地思考。如果发现好的机会，就必须抓紧时间，马上采取行动，才不致于贻误时机。如果犹豫、观望而不敢决定，机会就会悄然流逝，让人后悔莫及。瞻前顾后的行动习惯使人丧失许多机遇，很多时候，很多事情，如果我们能横下心去做，事情的结果就会大不相同。

那么，如何克服这种左右迟疑的坏习惯呢？经验证明以下方法卓有成效：

无论做什么事，不妨问自己：假如今天是我生命中的最后一天，我该怎么做？当然应该全力以赴。否则，你总觉得自己还有充足的时间，就会优柔寡断、抱有幻想，那么，你最终便会一事无成。

另外，你还需要做的是不顾一切、勇往直前。你可以这样勉励自己："豁出去了，大不了重来""大不了被人笑话一顿"，即使这样，又有什么损失呢？一旦你有了这样一种意识，肯定就会敢做敢当，优柔寡断的现象肯定会在你身上消失得无影无踪。

有时候，当需要我们执行的时候，要明白当断不断，反受其乱。为人行事，必须坚决果敢，当机立断，一旦决定就应该马上去做，如果前怕狼，后怕虎，只会白白丧失很多机会，考虑太多只会造成"竹篮打水一场空"的后果。

生活中的每个人，都不要小看这犹疑不定的做事习惯给我们带来的副作用，许多足以改变命运的契机，都因为我们的优柔寡断而与我们失之交臂，永不再来。要摆脱这种苦恼，我们就要训练自己的判断力，要坚定、勇敢、自信、果断，你若一直朝着目标前进，那么，他人一定会为你让路；而一个摇摆不定、踟蹰不前、走走停停的人，别人一定抢到他前面去，决不会让路给他。

## 坚定不移地相信自己，做自己的英雄

伟大的意大利诗人但丁曾经说过，走自己的路，让别人说去吧。很多人对这句话都偏爱有加，把这句话作为人生的座右铭，时刻铭记在心。然而，尽管记住这句话很容易，但是真正要想按照自己的意志生活，在现实的社会中却并不是那么顺利就能实现的。这主要是因为很多人总是过于在意他人的看法和评价，而忽略了自己内心真实的声音。最终，他们把自己作为人生主宰者的权利拱手相让，使得自己的人生在他人的议论纷纷中风雨飘摇。不得不说，这是人生中非常糟糕的状态。对于每一个人而言，唯有更加积极努力地面对人生，才能按照自己的意愿生活。

一个人如果能够做到坚定不移地相信自己，坚持自己的想法，那么哪怕他不能获得世俗眼中的成功，也是自己真正的英雄。毋庸置疑，在如今这个世俗的社会上，在各种嘈杂的声音中，坚持自己是非常困难的，唯有真正的强者才能做到这一点。

若干年前，作为语文老师，露西曾经给学生们出了一道作文题，名为《我的梦想》。当其他同学都在苦思冥想的时候，有一个叫阿尔法的同学飞快地在作文本上写下了自己的梦想。他说自己的梦想是拥有一个大庄园，而且要让这个庄园成为旅游的胜地，向前来参观的客人开放。他把自己的庄园命名为“快乐的时光”，希望每个人来到庄园里都能找到人生的幸福与快乐。在看完阿尔法的作文之后，露西给了阿尔法的作文很低的评价，她认为阿尔法的梦想是根本不可能实现的，因而喝令阿尔法重新写一篇符合要求的作文。露西告诉阿尔法，梦想不是空想，只有能实现的梦想才能被称为梦想。她还让阿尔法尊重事实，不要异想天开。

阿尔法坚持认为自己的梦想有可能实现，所以他不愿意妥协，哪怕露西威胁他如果不改变梦想，就要给他的作文不及格的评价，他也绝不妥协。他坚信自己终有一天会实现梦想，也能够让家人和来自全世界各地的旅客都在他的庄园里享受快乐的时光。露西只能继续启发阿尔法，让他向杰米学习，梦想着能够像爸爸那样成为体育老师，或者像凯特学习，成为和妈妈一样的服装设计师。但是阿尔法坚决不改变自己的梦想，他说：“我的爸爸不是体育老师，我的妈妈也不是服装设计师，他们都是非常普通的农民，但是我很热爱他们。这并不意味着我要像他们一样度过相同的一生，我坚信我的人生会和他们不同，我也相信只要我坚持努力，终有一日一定能实现自己的梦想。”露西感受到阿尔法的固执，在阿尔法的作文本上写了一个不及格。

几十年的时间过去，曾经年轻的露西已经年过半百。头发花白的她在退休的最后一年，带着自己的最后一届学生四处游玩。他们来到一个著名的度假庄园，庄园里不但有精致的木屋，绿草如茵的草坪，还有非常美味可口的烤肉。看着这个庄园，露西不由得怦然心动，她似乎想起了什么。正在这时，一位中年男士走到露西面前，对露西鞠躬说：“老师，您好！”露西看着中年男子熟悉的面容，一时之间陷入了回忆之中，她突然想起了阿尔法，也想起了他们曾经为梦想所起的争执。

露西激动地冲着阿尔法喊了起来：“你的梦想！阿尔法！”阿尔法热情地把露西拥抱在怀中，他说：“老师，我是梦想不及格的阿尔法，但是我的梦想是完全有可能实现的。看吧，你来到了我的梦想之中，我终于兑现了对你的诺言，我希望你真正地感到快乐。”

在这个事例中，露西作为老师，显然犯了目光短浅的错误。她希望孩子能够描述一个脚踏实地的梦想固然没错，但是她不应该冲动地给阿尔法的梦想不及格的分数。当年，年幼的阿尔法一定因为老师的否定感到伤心，幸运的是，他的内心足够强大，所以他并没有因为老师的强势而改变自己。相反，他始终向着自己的梦想前进，最终把梦想变成了现实。任何时候，都别让他人偷走你的梦想，哪怕他人对于你的梦想不屑一顾，你也要坚定不移地实现自己的梦想。就算在实现梦想过程中遭遇再多的坎坷和挫折，受到再多的阻力和磨难，你也要相信自己的梦想有朝一日终能变成现实。唯有如此，你才能不断向着梦想前进，也才能让梦想照亮人生。如果梦想总是以他人的意志为转移，人们就变成了他人的傀儡，失去了对人生的主宰和控制。毫无疑问，这对人而言是莫大的失败。唯有在人生之中寻找自己的方向，坚持自己的方向，我们才能从容面对人生。

你们可曾还记得自己年少时的梦想？不要对自己的梦想不以为然，哪怕那是你5岁时树立的梦想，你也有可能实现它。同样的道理，当你现在面对年幼的孩子时，不要对孩子的梦想感到不以为然，因为这很有可能成为孩子一生之中最伟大的梦想，也成为孩子人生未来真实可触的生活。我们不但要尊重自己，也要尊重孩子。

总而言之，作为人，我们要尊重他人和自己的梦想，也要相信每个人的梦想有朝一日都能变成现实。

## 眼光长远，别只看眼前利益

宽容是一种智慧，更是一种博大的胸怀。一个懂得宽容的人，一定是一个有着长远眼光的人，因为他的眼光并不只看到了眼前的人和事，而是将焦点放在更远处，这本身就是一种智慧。愤怒与生气都只是暂时的、眼前的，生气之后会怎么样呢？可能，那些被愤怒所吞噬的人并没有思考过这个问题，他们所关心的是：我现在很生气，我需要发泄内心的不快，其他什么事情我都不会管。可是，有人仔细想过如何处理那些受生气情绪伤害的人们吗？毕竟，生气是一种情绪发泄，它的表现形式有可能是怒骂、责罚，甚至有可能是武力，而这所有的方式都是对人不对己，受伤害最大的并不是我们，而是我们身边的人。纵然，愤怒的情绪需要发泄，生气也并不是多么严重的事情，但是，难道别人就应该受到无缘无故的伤害吗？那些有了裂痕的人际关系如何维系？这些都是我们不可忽视的问题，所以，每一个正在生气或打算生气的人，都应该将自己的目光放在更长远的地方，而不只是看到眼前的人和事。

有一天，迈克尔在路上走着，他边走边把竹条缠绕在自己的身上玩，谁料，一不小心，竹条一端脱了手。当时，迈克尔站在木桥边，正对着大门，一位农民的儿子在那里放了一罐水，准备挑回家。不巧的是，迈克尔的竹条反弹回来把水罐打翻了，不过，装水的罐子并没有破碎。发现自己闯祸了，迈克尔急忙赔礼道歉，可是，农民的儿子却跑过来就开骂，一点也不理会迈克尔的解释。令迈克尔没想到的是，他竟然一把抓住了自己的竹条，并残忍地将那只竹条折扭了。

这竹条可是父亲送给自己的，如今却扭成了这个样子，迈克尔十分生气，回家的路上，他不停地咕哝："我一定要报复他，我要他从心底感到后悔。"正在花园里散步的父亲听见了，好奇地问："你让谁从心底里后悔呀？"迈克尔向父亲说了事情的经过，父亲笑着说："他的确是一个坏孩子，但是，他已经受到了惩罚，他没有朋友，也没有娱乐，这就是对他的惩罚。"迈克尔却执意说："那竹条可是你送给我的礼物，那么漂亮的竹条，我只是无意打翻了他的罐子，我一定要报复他。"父亲抚摸着迈克尔的头，温和地说："迈克尔，我知道你是一个好孩子，做任何事情都应该思考清楚，我向你承诺，我可以再送你更漂亮的竹条，但是，如果你执意要报复，并且认为那才是对他最好的惩罚，这只是你现在的想法，以后你自己才会从心底里后悔。"迈克尔陷入了沉思，他暂时放弃了报复的念头。

几天过去了，迈克尔似乎忘记了那天的事情，那天，他又遇到了那位农民的儿子。这一次，他正挑着一担重重的木柴朝家里走去，结果不小心摔倒在地，爬也爬不起来。迈克尔看见了，急忙跑过去帮忙捡起了木柴，这时，那位农民的儿子感到很愧疚，心里很难受，为之前的行为感到后悔，甚至在迈克尔离去的时候，他还小声说了一句："那天，对不起！"而迈克尔则高高兴兴回家了，他想，或许这才是最好的报复，我不会后悔的，如果不是当初父亲提醒我，可能我现在正在忏悔呢。

其实，当我们试着去宽容别人的时候，受益最大的却是我们自己。宽容体现的是一个人的大度与涵养，同时，它是一种积极的生活态度和高尚的道德观念的表现。如果在他人犯错或者事情出现了问题的时候，我们能以宽容待之，一定能给大家留下好的印象，为建立和谐的人际关系奠定基础，更为关键的是，我们不仅赢得了他人的好感，而且获得了一份愉快的心情。生气，它破坏的并不是一个人的好心情，有可能是一大群人的心情，因此，不要轻易生气，尤其是不要因为生气而做出一些可能会后悔的举动，试着将眼光看得长远一些，这样既赢得了美誉，又为自己赢得了一份好心情。面对他人的无礼举动，克制内心的愤怒，不要去寻找一时的快感，不要只贪图口头之快，否则，我们的余生将在悔恨中度过。

## 缺憾无法改变，但可以改变自己的心态

每个人的人生，都不可能是完满的，尽管我们都渴望拥

有完美无瑕的人生，但是人生的真相就是充满缺憾。那么，对于人生的缺憾，追求完美的我们，如何才能做到正确对待呢？很多人一旦看到人生出现缺憾，就会觉得非常懊恼，甚至厌弃自己的人生。殊不知，人生的很多缺憾是天生存在且无法改变的，诸如有些朋友也许具有生理上的缺陷，也有些朋友总是因为霉运而不如意，在这种情况下，一味地抱怨或者迫不及待地想要改变，未必能够起到很好的效果，尤其是前一种情况。对于人生中这样的缺憾，我们必须端正态度：虽然无法改变客观存在的一切，但是可以改变自己的心态，让自己从容面对人生。

当然，世界上的万事万物都处于不断地发展和变化之中，人生也是如此。当人生不断改变，不尽如人意，我们只顾着抱怨显然于事无补。而且，很多事情的发展过程虽然是可控的，但是其结果却是不可逆的。在这种情况下，我们必须改变自卑的心态，理智地认清自己的人生，不断提升和完善自我，也要做到心平气和、积极地面对人生的缺憾。记住，任何时候都不要给自己贴上缺陷的标签，缺陷也是一种美，它导致的人生缺憾，更是给我们警醒，使我们思考，从而帮助我们变得更加完美。

1955年秋天，张海迪出生在山东济南，她是个健康可爱的女孩，然而，她的命运在5岁那年突然转折。5岁时，张海迪因为患脊髓病，导致高位截瘫，从胸部往下的身体全都失去知觉，彻底瘫痪。从此之后，张海迪的人生变得与众不同。

因为身体的限制，张海迪无法和大多数孩子一样正常读书学习。为此，她不得不在家中通过自学的方式，提升自己的知识水平和文化素养。在15岁那年，因为父母参加上山下乡，张海迪跟随父母去了山东聊城的农村。在农村，她并没有自暴自弃，而是主动承担起教师的责任，给村里的孩子教授文化知识。后来，她看到当地村民看病难，便开始学习医术，为村民们治病。父母回城后，张海迪也回到县城。她不能再当赤脚医生，就自学多门外语，从事翻译工作。在充满坎坷挫折的命运面前，张海迪从未缴械投降，更不曾放弃人生的希望。她还当过无线电修理工，只为了发挥自己的光和热，为社会创造价值。

1983年，张海迪正式开始文学创作，她不但翻译了很多英文小说，而且还编著了很多书籍。其中，她的《轮椅上的梦》走出国门，在韩国和日本出版发行，她的《生命的追问》几次追印，还在全国获奖了呢！不得不说，张海迪的一生是奋斗的一生，也是绝不平凡的一生。

毋庸置疑，张海迪的人生有着巨大的缺憾。对于一个年轻的女孩而言，高位截瘫意味着什么，这是很多健康人都无法想象的。然而，每个人在人生中都难免会面对很多不如意，也会有很多的缺憾。假如对命运缴械投降，那么我们就会彻底被命运打败。只有坚强不屈，像张海迪一样坚强乐观地面对缺憾人生，我们才能鼓起勇气挑战命运，最终主宰命运。

要想正确对待人生中的缺憾，首先，我们必须认可缺憾的存在，尽快接受缺憾。这样一来，我们才不会与缺憾对抗，更不会因为缺憾导致自己心神不宁。可以说，当我们把缺憾当成人生中最正常的存在，那么我们的内心就能恢复平静，我们也就能够正视并且改变缺憾。朋友们，人生最难得的是内心的平静坦然。我们唯有从容应对人生的一切合理存在，才能保持心绪平静，也才能最大限度地发挥自身潜能，创造人生的辉煌成就。

## 选择前深思熟虑，才能避免人生的冤枉路

有人说人生是一个不断接受改变的过程，其实，人生更是一个不断选择的过程。从呱呱坠地开始，我们就面临选择：喝什么奶粉，穿什么衣服，在哪里照百天照，去上哪个幼儿园，就读哪所小学……这些事情，在我们还不能自主选择的时候，是父母为我们做出了选择。父母在做出这些选择的时候伤透了脑筋，在食品安全堪忧的今天，他们千选万挑，只想找到一款对我们的健康真正有利无害的奶粉。随着学龄的到来，为了让我们不输在起跑线上，他们又绞尽脑汁地为我们联系最好的学校。在父母的精心选择中，我们渐渐成长，来到了美好的少年

时代，直至成长为青年。我们开始学会选择，想要自己为自己的人生负责。自主选择，为自己的选择承担责任，这是成年人与未成年人显著的区别之一。父母心惊胆战地看着我们在人生的道路上跌跌撞撞，想告诉我们什么是应该选择的，却知道碰壁和犯错是我们人生的必由之路。就这样，在父母的注视中，磕得头破血流的我们长大了。从此之后，父母不再干涉我们，不管什么事情，他们都会默默地支持我们。但是，我们并没有因为享有人生的自主权就任意妄为，相反，我们变得更加谨慎，因为我们肩负着责任。我们必须选择好，才能少走人生的冤枉路，才能事半功倍，更快地达到成功的彼岸。

直观地说，选择就是确定一个方向。就像走路，南辕北辙，永远也到不了终点。唯有选择好方向，再加上努力，才能尽快到达自己的目的地。由此可见，选择是多么重要。生活中，常常有人抱怨，觉得自己的运气太差，而羡慕别人的运气比自己好。其实，不是运气差，而是选择不对。一旦方向错误，你越努力，只能越偏离目标。当然，仅仅有正确的选择还是远远不够的，因为确定方向只是起点，过程的推动力还要看我们的努力程度。

现实生活中，很多人有选择恐惧症。他们在选择的时候往往瞻前顾后，犹豫不决。究其原因，是选择的过程中他们无法正确地取舍。要想做出最佳的选择，我们就要有一定的分析能力。凡事都有利弊，任何事情都有两面性，我们不可能只得到，不失去。一分为二地看，任何选择都有得到和舍弃，不同在于，你更想得到一种怎样的结果。所以，我们在选择的时候就要确定，自己想要什么，必须舍弃什么。这样，在面对选择带来的结果时，才不会患得患失。

张刚和李强大学毕业后，被同一家小公司录取。对此，他们很犹豫。张刚很有野心，并不想去一家小公司混日子，想要自己创业。李强也是相同的想法，但是他没有张刚有魄力，他很担心创业失败，这和张刚的观念完全不同，对于可能的失败，张刚总是说："没关系，我们还年轻，输得起。"而李强则说："我们的资本那么少，怎么能经得起失败呢。"就这样，两个好朋友分道扬镳，张刚回到家乡创业，李强则留在小公司开始工作。

张刚回到家乡后，选择了最热卖的母婴用品。他的成本很低，就在家里办公，找了个代加工厂生产婴儿用的三角巾等。这些东西都是一本万利的，成本也许只要一元钱，但是却卖十几块钱。因为产品要价不高，而且显示出童真童趣，所以张刚的生意非常火爆。虽然每单只有几十块钱，但是每天都能卖出去几十单。3年过去，张刚不仅有了自己的加工生产厂，而且淘宝店也越开越火，每天都卖出去上百单。而李强呢，在那家小公司3年了，一直没有得到很好的发展，所以现在的他过着和3

年前差不多的生活。如今，他正准备辞职回家给张刚打工呢！

3年的时间，因为选择的不同，原本李强可以成为张刚的合伙人，现在却只能眼看着张刚成为老板，自己回家给他打工。很多事情，在做出选择的时候，我们不能瞻前顾后。如果3年前李强想清楚，即使创业失败，无非也就是再去找一份工作，像3年后的自己一样生活，那么他就知道，对于他而言，没什么好害怕失去的。如今，张刚用3年博得了自己的潇洒人生，未来的他定然还会有更好的发展，而李强则只能选择跳槽，或者回乡给张刚打工。

这就是选择的魅力，选择好，事半功倍；选择不好，只能一切从头再来，浪费宝贵的青春时光。选择的时候，我们先要深思熟虑，再果断采取行动，这样才能抓住最佳契机。

## 做选择，就必然有舍弃

每个人从呱呱落地降临人世，到不断成长和成熟，都必然要经历诸多的选择，或者是得到，或者是失去，毋庸置疑，每一种选择都是艰难的。有人说人生就是由诸多选择组成的，我们在选择的同时，必须不断地放弃那些原本不属于我们或者已经退出我们生命舞台的东西。一个人只能选择一条人生道路做选择，就必然有舍弃，当然，好的选择也让我们得到更多。尤其是现代社会，很多人都面临形形色色的诱惑，人生容易陷入欲望的深渊，如果不及时放弃一些不切实际的欲望，我们的人生就容易被欲望捆绑，我们也就无法轻装上阵，奔向最终的成功。

当然，舍弃并非总是轻易就能下定决心的。当我们面临选择时，只有学会放弃，才能理智舍弃。有很多人都对舍弃存在误解，觉得舍弃就是失败，是做人的莫大遗憾。如果我们会下围棋，就会知道偶尔放弃小的利益，就能得到大的利益。正如古人所说，鱼与熊掌不可兼得也。如果我们总是绞尽脑汁地想要得到更多，只怕最终会一无所有。

有个男孩大学毕业后一直没有找到特别理想的工作，因而他决定参加计算机培训班，提升自己的计算机水平。这个培训班需要学习一年的时间，男孩还有两个月就要毕业了。正当此时，他通过朋友得知，有一家世界知名的计算机公司正在招聘人才，不但待遇丰厚，而且这家公司的发展很好，未来晋升空间很大。不过，这家公司的招聘已经持续了一段时间，如果不抓紧时间去面试，就会错失这个好机会。可如果面试通过，就必须马上上岗，这样一来，男孩就无法完成还剩下两个月的计算机培训课程，更拿不到培训班的结业证书。思来想去，男孩不知如何选择，他决定和父亲商量。

得知事情的原委后，父亲买了两个很大的西瓜，让男孩抱起一个西瓜，然后又让男孩抱起另一个西瓜。但是这两个西瓜真的太大了，即便是只抱起一个西瓜，都要用两只手，根本不可能再抱起一个大西瓜。他一筹莫展地看着父亲。父亲似乎看出了男孩的心思，不过依然追问："你如何抱起另一个西瓜呢？"男孩摇摇头，说："我只有两只手，这根本不可能。"父亲笑着说："其实是有办法的，你再好好想想。"男孩思来想去，始终找不到合理的解决方法。这时，父亲示意他放下怀中的那个西瓜，说："现在，你再把另一个西瓜抱起来。"果不其然，男孩轻而易举就抱起另一个西瓜。这时，父亲语重心长地说："人生在世，不可能把所有的好事情都占全。我们必须学会适时地舍弃，才能腾出手来，抓住更重要的人生际遇。"最终，男孩放弃了培训，选择去那家公司面试。他如愿以偿地进入那家公司，获得了自己心仪已久的工作。

很多千载难逢的好机会总是转瞬即逝，假如故事中的男孩在面对这样的机会时迟疑不定，那么他就会错失这个好机会。幸好，父亲以两个西瓜打消了他的顾虑，使他意识到在机会面前不能犹豫，而要果断取舍。其实，每个人在人生之中都有可能面对形形色色的机会，也要做出各种比较为难的选择。此时，我们就必须学会舍弃，否则就会错失良机，追悔莫及。要知道，很多时候舍弃并非被动地失去，而是主动地选择，这样的选择会更符合我们的需求，也能够给我们的人生带来好的结果。

朋友们，当你因为舍弃感到痛心时，不妨想一想有得必有失，自己也许会得到更多，收获更多。当然，很多情况下我们自身无法决定人生的得失。面对被动失去，我们也要保持坦然的心境，这样才能让自己从容洒脱，明智地拥抱和接纳生活。人生是一场旅行，我们唯有轻装上阵，才能走得更快更好。就让我们忘记人生中那些因为舍弃而产生的痛苦吧，对于任何人而言，最重要的都是往前看，奔向前方。

# 第四章

# 兼听则明，学点沟通心理学让你的决策更合理

## 三思而后行，凡事都给自己留有余地

常言道，祸从口出，言多必失。人与人之间交流，主要依靠语言进行沟通。很多人说起话来不假思索，想说什么就说什么，就像嘴上没有把门的似的。这种脾气秉性和语言风格，在私底下的场合也许还可以，却无法登上大雅之堂。试想，如果我们在工作中对同事和客户说起话来口无遮拦，导致工作受到影响，又如何能够得到上司的认可和赏识呢？其实，不仅客套的关系需要注意交流的方式方法、做事的分寸，对于亲密的关系，也同样需要用心经营，才能加深彼此间的感情。

一个人生存在社会中，注定要与他人交流。生活中的烦琐事情，我们需要不断与他人交流和沟通，才能彼此了解，获得共鸣。工作中我们更要注意为人处世的分寸，唯有如此，我们才有回旋的余地，才能让自己有更大的空间施展。正如人们常说的，说出去的话如同泼出去的水，是很难收回来的，也可以说是根本收不回来的。在这种情况下，我们与其心直口快地说完之后再懊悔，不如三思而后行，凡事都给自己留有余地。

很多人说话喜欢绝对，其实，这个世界上没有任何事情是绝对的。一则很多事情都处于不停发展和变化之中，二则以绝对的口吻说话也很容易引起他人的误解和挑剔。假如遇到苛责的人，他们是一定能够从绝对的话中挑剔出毛病来的。因此，我们与其给他人挑剔的借口，不如自己委婉地说话做事，给自己留有分寸，这样就算自己很有道理，也能避免得理不饶人的尖酸。此外，我们有了更大的空间斡旋，也可以在与对方交流或者相处时占据主动权，避免被动。总而言之，任何时候都不要把自己逼上绝路，除非你想破釜沉舟，背水一战。

唐然在一家高档酒店当服务员。这一天，她在为一位外籍客人服务的时候，发现那位客人酒足饭饱，结账之前居然把酒店的青花瓷餐具装入自己的口袋中。这些青花瓷餐具是酒店的一大特色，而且是酒店专门定制的，价值不菲。这可怎么办呢？直接指责客户，必然会惹恼外籍客人，甚至会使事态扩大，导致不可收拾；不说的话，餐具丢失，她作为负责人是要承担损失的。思来想去，她想出了一个好办法。

她去柜台拿来一套全新的餐具，这种餐具和酒店里用着的餐具完全相同，只不过酒店正在用的餐具是有酒店的标志的，而全新的餐具是专门供给客人购买，留作纪念的。她不卑不亢地对客人说："先生，您一定很喜欢我们酒店的青花瓷餐具吧。您真有眼光，这些餐具都产自景德镇，很多客人来我们这里用餐，都会爱上这套高雅别致的餐具。不过，酒店使用的餐具带有酒店的名字，看起来略微显得不够美观。我这里有一套餐具是不带酒店名字的，其他的与酒店使用的餐具都完全一样。很多客人都会选择购买这样一套餐具，带回自己的国家作为珍藏。当然，我们酒店并非专业经营瓷器的，所以这些餐具都是成本价销售，是您在外面买不到的低价格哦！"听到唐然的话，那位外籍客人当即表示要买一套餐具，而且还趁着唐然去帮他结账的工夫，把装入口袋中的那套餐具放回餐桌。

以委婉隐晦的暗示和表达，唐然很好地解决了外籍客人私拿餐具的问题。原本，作为服务员就必须具备处理应急问题的能力，但是在对待外籍客人的问题上，唐然显然要更加慎重。她的处理方式非常有分寸，既保全了外籍客人的颜面，也给了外籍客人台阶下，而且还给了自己回旋的空间。这样一来，不管外籍客人是否能够意会她的意思，都不至于一下子让事情陷入僵局，由此唐然也争取到解决问题的主动权。

为人处世，不管是说话还是做事，我们都要给自己留有退路。说话不要说得太绝，做事不要做得毫无回旋的余地，唯有面面俱到地处理问题，我们才能给人留下安全的感觉，使人觉得非常贴心。现实生活中，很多时候我们会面临两难的境地，诸如当面对别人的请求不知道如何拒绝时，当面对别人的好意自己却丝毫不受用时，我们都必须组织好语言，才能尽量处理好问题。对于想要拒绝的请求，千万不要直截了当地拒绝，更不要不假思索地接受，这样都是会伤害他人颜面的。我们唯有拿捏好分寸，才能最大限度经营好人际关系，让我们的人生更加顺遂圆满。

## 无论如何，不要伤害他人尊严

自古以来，中国人都很爱面子。尤其是那些自尊心极其强烈、决不允许任何人伤害自己颜面的人，更是把面子看得比自己的一切都更重要。俗话说，人活一张脸，树活一张皮，这是他们的真实写照。基于这个特点，在与人相处的过程中，要想博得他人的好感，与他人搞好关系，我们首先要确定一个原则，即无论什么时候，无论什么情况，都不要伤害别人的颜面，更不要以践踏他人尊严为代价战胜他人。

明朝的开国皇帝朱元璋从小家境贫寒，在当了皇帝之后，他以前认识的那些穷苦人经常去京城找他，投奔他。原本，这些人都想着朱元璋既然已经成为至高无上的皇帝，一定会念及旧情给他们一条出路，让他们也过上好日子，但是他们没有想到如今的朱元璋身份高贵，今非昔比，根本不愿意将自己曾经卑微低贱的生活透露给众人。所以，对于那些投奔他的人，他基本上都拒之门外，避而不见。

一次，从小和朱元璋穿着开裆裤一起长大的小兄弟千里迢迢来到京城，费尽周折终于进了皇宫面见朱元璋。他当着满朝文武百官的面，一见朱元璋就毫不忌讳地大喊大叫："天啊，朱老四，你现在可是今非昔比了，我简直难以想象自己是和你一起穿着开裆裤长大的。你还记得吗，你当初做了任何坏事情，总是让我替你顶包，替你挨揍。有一次，咱们俩一起去别人的地里偷黄豆吃，还找了个破瓦罐，又从家里偷了一些盐煮豆子呢！结果，你因为心急吃豆子，把破瓦罐打了个稀巴烂，还差点儿被豆子卡死呢！怎么样，你想起来了吗？应该想起来我是谁了吧？"当这个小兄弟依然唠叨个没完没了的时候，朱元璋却如坐针毡，要知道他可是皇帝，怎么能把穿开裆裤时的事情都抖落给文武百官听呢！

想到这里，朱元璋当机立断，原本还感念旧情的他，只得先发制人，当即喝令："你疯了吧！我不知道你是谁！来人啊，把他拉下去，打五十大板，必须打得皮开肉绽，他下次才不会胡说八道。"就这样，这个小兄弟投奔朱元璋获得荣华富贵的梦还没有做完，就被打得血肉模糊，再也不敢提起“朱元璋”这三个字了。

假如这个小兄弟能够改变一种方式与朱元璋叙旧情，考虑到朱元璋如今的身份今非昔比，而且身边还站着文武百官，那么他反而能够得到朱元璋的善待。从心理学的角度而言，每个人的天性就是维护自尊，保护颜面。一个人不管身份地位高低，都绝对无法容忍他人揭穿自己的老底，伤害自己的颜面，这就像是一个不能涉足的雷区一样。我们唯有记住这一点，不管和谁相处都不要踏入雷区，才能让自己与他人的相处更加和谐友好，也不至于因为口无遮拦引起他人的嫌恶。

我们与他人交谈时，一定不要哪壶不开提哪壶，否则必然招致他人怨恨。当然，我们也应该摆正心态，不要以自己的长处比较他人的短处。想想吧，这个世界上哪个人是完美的呢？包括我们自己在内，每个人都有优点，也有缺点。我们既不要因为优点而骄傲，也不要因为缺点而妄自菲薄。同样的道理，我们也不要因为他人的缺点就瞧不起他人，更不要抓住他人的短处让他人难堪，否则最终我们必然无法得到他人的尊重，也会陷入尴尬。

常言道，金无足赤，人无完人。我们不能以五十步笑百步，而要宽容对待他人的小小瑕疵和缺点。尤其是在与他人相处时，哪怕知道别人的秘密，也不要随意张扬，更不能以此为理由嘲笑他人。不管做人还是做事，我们都要学会给他人留有余地，不拆别人的台，这样我们才能与他人搞好关系，在需要帮助的时候才能得到他人的鼎力相助。

## 抹得开面子，才能打得开局面

现实生活中，每个人都避免不了要和他人打交道，然而，面对那些咄咄逼人的人，有相当一部分朋友因为性格和善，总是被“欺负”。一次两次，三次四次……也许次数少还可以忍受，但是次数多了，未免觉得压抑，心中也会觉得不平衡。在这种情况下，如果继续抹不开面子，被人欺负，就会导致自己郁郁寡欢、闷闷不乐。为了别人，让自己不快乐，值得吗？当然不值得。我们就算是付出，也要付出在值得的地方，不能一方面为了不值得的人付出，另一方面自己又不快乐，这可是双倍的损失啊！

从另一个角度而言，强势的人遇到好欺负的人，会变本加厉，更加强势。这样一来必然形成恶性循环，导致彼此关系最终恶化，甚至破裂。所以从这个意义上说，作为软弱可欺、抹不开面子的人，一定要抹得开面子，这样不但是对自己负责任，也是对自己与他人的关系负责任。

也许有些朋友会说，礼让他人并没有什么错。的确，适度的礼让是值得提倡的，但是过度的礼让，则会让我们被他人钻了空子。而且，所谓礼让是符合礼节的，并非一味地怯懦退缩。正如一句民间俗语所说，害人之心不可有，防人之心不可无。虽然我们不能欺负他人，但是也要学会保护自己不被欺负。人与人之间的关系只有建立在相互尊重的基础上，才能良性发展。现实生活和工作中，很多人都觉得做人只要老实本分，工作只要认真负责，就一定能够得到回报。其实不然，现代社会人际关系非常复杂，我们不但要业务过硬，而且也要精通人际关系，才能让自己如鱼得水，获得好的发展。有的时候，社会也存在很多不公平的现象。诸如很多违反规则、偷奸耍滑的人，反而得到了丰厚的回报，而踏踏实实做人做事的人，却一无所得。在这种情况下，我们不但要会和老实人打交道，当好自己的老实人，也要会和那些心思多、城府深的人打交道，才能吃得开。

尤其是在现代职场，很多职场新人，甚至也包括职场老人，在遇到机会的时候，因为不够自信，或者因为谦虚，所以不好意思直接与他人争夺。这样的一让再让，最终的结果必然是失去机会，导致自己的人生再也无法获得任何成就。不得不说，这样的责任并不在他人身上，而在于我们自己。假如我们能够脸皮厚一点，抹得开面子一点，也许就不会与机会失之交臂了。

大学毕业后，艾米进入现在的公司工作，到现在已经3年了。3年的时间里，艾米每天都兢兢业业地工作，绝不敢有丝毫懈怠。她负责的每一项工作，全都做得非常圆满，也得到了领导和同事的认可。

前段时间，公司正好进行内部结构调整，空余出一个办公室主任的位置。领导向老板推荐艾米，老板也的确认真考虑了，因此特意与艾米谈话，征求艾米的意见。艾米当时觉得受宠若惊，又想到办公室里有很多同事资历都比她老，不由得有些胆怯，向老板推辞："老板，我觉得我还缺乏经验，也没有做好准备成为一名管理者。办公室里基本都是我的老前辈，我可不敢管理他们。不如您让马大姐当办公室主任吧，等过几年马大姐退休了，我也经验丰富的时候，我再接她的班。"老板听到艾米的推辞，当即就对艾米有些失望。现代职场，人人都绞尽脑汁地想要得到机会，艾米却推辞机会，大概是没有什么事业心吧！因此，老板没有多说什么，而是把办公室主任的职务给了老刘。

老刘才40多岁，距离退休还早着呢，看到老刘成为办公室主任，艾米后悔不已。虽然老刘后来因为身体原因提前离职，但是办公室里新来的人在几年的时间里迅速成熟，而且干劲十足，老板并没有再考虑艾米，而是让比艾米晚来的一位同事承担起办公室主任的工作。艾米渐渐感到无望，最终不得不放弃这家已经工作了10年的公司，换了一家公司一切从头开始。

艾米的故事告诉我们，在机会到来的时候，千万不要因为不好意思或者抹不开面子而失去机会。人人都想等到万事俱备的最佳时机让自己隆重亮相，但是选日子不如撞日子，谁知道哪一天才是最好的一天呢！既然我们无从得知，不如随遇而安，顺势而为。这样我们才能果断出手，从而抓住千载难逢的好机会，改变自己的人生，提升和完善自我。

这个世界瞬息万变，万事万物都处于飞速发展之中。很多时候，机会并不会留在原地等我们，而且事情也会不断发展。在这种情况下，我们与其被动等待，不如主动出击，现代社会的确是需要厚脸皮的。这样我们才能在事情不尽如人意的情况下，让自己更加坚强，也不至于因为小小的尴尬和难堪，就觉得不好意思或者抹不开面子。我们必须记住，面子是我们自己给自己的，只要我们内心坚强，意志如钢，就没有任何人能够抹杀我们的面子，也没有任何人能够影响我们主宰自己的人生。

## 有警觉戒备心，小心小人伤害

在职场上表里不一是太正常的事了，我们没有必要因此而感到伤心难过，只要警觉戒备这样的人就可以了。当然更没有必要非要和他们较真，揭露他们伪君子的真面目。否则的话，他们会恼羞成怒，那你就不好过了。

20多岁的人大多刚刚进入职场，还处在非常幼稚的阶段，不免把同事想得过于简单和直接。我们是率性的，热情的，不习惯委婉和含蓄，脑子里更没有那么多弯弯绕。然而“害人之心不可有，防人之心不可无”，为了避免我们受到伤害，还是了解一些职场上的规则比较好。

我个人认为，有时候职场上的真小人远比伪君子来得可爱，他可能害你，可能对你很凶，很粗暴，甚至会让你当众下不来台。但这一切，他都是明刀明枪地和你过招，你自己技不如人，只好忍气吞声。一旦你的能力比他强就可以立即反攻过去，你起码知道敌人是谁，他在哪，可能在要哪些手段。而职场上的伪君子，你会不知道他是谁，也许正是那个笑眯眯跟你谈天说地的好朋友，也许正是那个可爱得让你绝不会想到是他的人。他们善于两面三刀，善于当面一套背后一套，即使你在骂他，他也绝对不会还嘴，而是笑嘻嘻地看着你，让你反省自己多么罪恶，而一旦你转身过去，他们就会在背后捅你一刀。他们无辜地看着你，似乎事事都在为你着想，然而，却有人听信他的话来攻击你，这样的人防不胜防，实在是职场上的一颗大毒瘤，却又没有人能够彻底地切掉他。

当然，我们每个人的身上都有着表里不一的一面，但并不是所有人的表里不一，都会害到别人，有时只不过是为了自我保护而已。我们怎样才能分辨那些会伤害到你的表里不一的同事呢？又怎样才能达到我们戒备提防的目的，不让他妨碍到我们的前程呢？这就需要针对不同的人采取不同的方法。

第一种人，他是领导面前的红人，领导的心腹，他的意见甚至是随便的几句话，就会影响到领导的决策。对于这种人，如果他是一个严重表里不一的人，我们就应该提防。因为这种人会直接影响你在上司心中的形象，直接关乎到你的升职加薪等切身利益。

其实，所谓的“红人”“心腹”只不过是一个俗人，他们通常心思细腻，能够及时地体察到领导的心思和需要；他们的心机也很重，你说一句话，他们都要反复思索，直至确定你没有伤害他们或者嘲笑他们的意思。他们更喜欢暗箭伤人和在背地里搞小动作，绝不会轻易与人当面发生冲突；他们的心眼很小，报复心也很重，绝没有容忍的雅量，所以我们不能对他们说任何带刺的话。

与这样的人打交道，你最好不要学他们那一套阿谀术，在这方面他们比你更驾轻就熟；也绝不能一味地攻击他们，因为他们善于在表面不动声色，却在暗地里使绊子，如果受到了攻击，他们表面大度，暂时不与你计较，让周围的人都觉得他们宽容，而实际上你以后的日子就会过得战战兢兢；当然，你更不能一味地退缩，否则你在上司面前永远没有出头之日，公司利益也会受损；一味地提防他们，保持距离，滴水不漏更会让他们内心不快，认为你不是自己人，看不起他，或者有别的心思。

我们既要以理解他的方式，让他认同你，又要保持一定的戒心，不让他完全了解你的隐私和内心。总之，是你理解他，了解他，而不让他深刻地了解到你，是单方面地付出你的安慰和理解，并不让他有机会对你做同样的事。这样，你越深不可测，他就越不敢动你，和你玩两面三刀的游戏。

第二种人，喜欢传播伤害他人的谣言或者流言蜚语的人，如果他善于无中生有，又非常虚伪地笑脸迎人，那么对于这样的人我们要退避三舍，因为他会让我们在舆论中被毁掉。

每个人都会有意无意地说别人的闲话，关键是这个闲话是否能伤害到你。对于传播一些无聊的涉及他人的隐私和谎言的人，我们更要多加提防，不要随便提及自己的私事。有些人传播伤害他人的流言，是出于嫉妒、恶意；有些人是为了借揭示他人不知道的秘密抬高自己的身价；有的人是“言者无心”地充当了一把传播者；有的人是故意把对你不利的谣言通过一些“大嘴巴”传播出去。最可恶的一种，是他千方百计地和你保持良好的私交，不过是要从你的嘴里套出一些话，并利用这些来制造是非，当你意识到这些对于你的人际关系产生了怎样的危害时，他又会非常无辜地说他不是故意的、他没有想到后果会这么严重等让你打不得骂不得的话。有些人更是在表面上和你亲近得不得了，一转身就利用和你的亲近关系来散播谣言，让你在舆论中变得人格奇差，让你被逼疯，这就是他的目的。

这些人最喜欢玩“阴”的，他们从不拿工作或业绩表现来和你正面交锋，也没什么真枪实弹，真材实料，而是善于运用各种谩骂、造谣手段使你为流言所伤，这正是“暗箭伤人”的最好写照。善于利用众人的舆论来诋毁一个人的人，本身是不可小觑的，但我们只要与他们保持足够的距离，不提供私事被他们中伤，同时淡然处之，谣言自然不攻自破。时间久了，大家就会了解到这个人的为人，自然也就不轻易相信他的话，受他的鼓动了。

只要操守无可争议，没有伦理上的失足。不腐败、不颓废，没有私生活的出轨，被造谣的机会必然会大大减少；做事若谨慎认真、处处紧扣规矩方圆，没有任何闪失和漏洞，就不用害怕众人一时的评头论足，也不用害怕小人的诋毁。

那些在我们面前嘴巴里抹了蜜，一转头就会说我们的坏话的人；或者当着我们的面承诺得无比美好，背过身去就毫不理会的人，在这些人面前，那种表里不一不过是小菜一碟，丝毫不会给我们造成更大的伤害。

总之，面对职场上各种表里不一的表现，我们要更冷静，更理智，只要重点预防那些可能给我们的利益造成伤害的虚伪小人就可以了。不必事事追求真实，要求人人表里如一，这是很苛刻的。

## 不要对他人的隐私抱有强烈的好奇心

在办公室有个禁忌，那就是谈论别人的隐私。毋庸置疑，一个总是喜欢打探他人隐私，而且长着一张如同大喇叭一样的嘴四处散播他人隐私的人，总是招人讨厌，无法得到他人的认可和喜爱。遗憾的是，有些人总是特别喜欢关注他人的隐私，特别是喜欢关注那些名人的隐私。就像很多狗仔记者总是咬着那些明星或者公众人物的隐私不放一样，这些人也喜欢以肉嘴四处散播隐私。如此一来，他们就成了“移动的花边小报”。然而，他们的口耳相传又与报纸不同，归根结底，报纸是落实在纸面上的，有据可查，但是口耳相传的隐私却是无据可查，而且一旦经过多人传播，就会完全变了模样。可想而知，当隐私几经辗转，成为他人的话柄时，自然就会变质，成为谣言。

现代职场，最忌讳的就是随意传播谣言，不尊重他人的隐私。我们要想在职场中站稳脚跟，必须管好自己的嘴巴，绝不传播流言蜚语。所谓“谁人背后无人说，谁人背后不说人”，假如我们能够像爱惜自己的眼睛一样爱惜自己的名誉，爱惜他人的名誉，那么就能让自己成为谣言的终止地，使谣言在我们这里停止。

作为一对好姐妹和好同事，小张和小李已经共事多年了。每当她们其中一人遇到为难的事情，另外一个人马上就会毫不迟疑地给予帮助和陪伴，因而整个公司都知道她们好得如同一个人一样。

这段时间，小张因为感情的问题非常苦恼，虽然她从未告诉小李原因，但是小李感受到她的郁郁寡欢，总是贴心地安慰她。这不，这个周末，小李特意邀请小张去吃小龙虾，喝啤酒。郁郁寡欢的小张喝多了酒之后，情不自禁地说出了自己心底的秘密。原来，小张是个地地道道的第三者，她爱上了有妇之夫，拖延了好几年，但是却始终无法和对方结婚。虽然小醉微醺，但是小张还是很清醒的，她冲动说完之后又后悔了，因而再三叮嘱小李一定要为她保密。出乎小张的预料，没过几个月，整个公司里的人都知道了她是小三。有一次，小张和一个同事发生争执，那个同事居然直接以小张是小三为由，挖苦讽刺小张。最终，小张不得不选择辞职，而她与小李之间的交情也彻底结束。

心理学家曾经经过研究证实，任何一个人如果过于关注他人的隐私，那么在人际交往中肯定不受欢迎。天长日久，他身边的朋友也会越来越少，最终变成孤家寡人。还需要注意的是，职场上同事、上下级之间的关系是非常微妙的。任何情况下，我们都不能在办公场合谈论别人的隐私。当然，在私底下也不要谈论他人的隐私。此外还要注意，距离产生美，我们在与他人交往的时候，还要保持适度的距离。唯有如此，我们才能最大限度保全别人和自己的隐私，不至于因为距离太过亲密，而彼此伤害。

真正明智的人，从不会对他人的隐私抱有强烈的好奇心。要知道，每个人都是一个独立的个体，都不可能与他人之间做到绝对的相互理解和体贴。在这种情况下，我们必须给他人留下一定的空间，让他人能自由呼吸。就算是亲密无间的夫妻、亲人之间，也不一定要毫无保留地袒露自己。距离不但产生美，也能够避免产生误解，因而我们必须学会与他人适度相处。

天下之大，可供我们交流的话题有很多，我们完全没有必要说他人的隐私。天气、旅行、世界新闻、国内的重要大事等，都是很好的交流和搭讪话题。如果是熟悉的人之间，还可以说些更加贴心的话，这样也有利于拉近关系、促进感情。朋友们，我们必须控制住自己的好奇心，绝不要对他人的隐私过于关注。有的时候，事不关己，高高挂起，是很明智理性的处世哲学。

## 左右逢源，不要参与任何权力之争

职场如战场，由于经验不足，年轻人在刚步入职场时要尽量避免参与办公室内的“战争”。年轻人在进入职场后都有比较高的心气，想着升职，想着成功，但是我们一定要避免急于求成，让自己过早地卷入办公室的权力之争。尤其在还不明白对方的实力，同时上司也没有明确地表示或暗示之时，我们更不宜卷入权力的战争。

我们要清楚，在权力之争中从来没有真正的胜利者，最终得利的永远是上司和公司，只有很小的利益属于我们本人，而这对你以后在职场上的发展不一定有多大的好处。那么，怎样才能避免过早地卷入权力战争呢?

1.避免显示自己的优越性

如果你在学历、能力、人脉或者其他方面比起同事来有优势，最好不要显露，更不能一副高高在上的姿态。否则，这些优越性，就会为你带来敌人。德国有这样一句谚语：“最纯粹的快乐，是我们从别人的麻烦中所得到的快乐。”是的，很多人，甚至包括我们自己在内，从别人的麻烦中得到的快乐，可能远比从自己的胜利中得到的快乐大得多。这是人类本身的劣根性，而且是难以改变的劣根性。

相对来说，“最纯粹的痛苦，也就是从别人的炫耀中，意识到自己无能的痛苦。”所以无论是快乐还是痛苦，都来自比较，如果我们处处显示高人一筹，就会引起公愤。这样我们就会轻易陷入与周围同事的战争中，更不用说，如果前面还有一个让人受益的职位等着我们。

在人与人交往的世界里，人与人之间应该是平等和互惠的，所以那些谦让而豁达的人总能赢得更多的朋友，而那些妄自尊大、高看自己、小看别人的人总会引起别人的反感，最终在交往中使自己走向孤立无援的境地，让别人都敬而远之，甚至厌而远之。所以，无论我们有着怎样的优势，都要学会韬光养晦，不要让人感到狂妄，否则就会失去你在同事间的威信和信任，得不到同事的认可，甚至在办公室树立很多的敌人。

2.切记不可急于求成

年轻人刚刚走入职场，对职场的法则还不是太了解。在我们看来，努力把自己最优秀的一切都展现出来是应该的，职场的成功就是要努力工作，要为公司做出最大的贡献。刚进入职场，我们的确有必要表现自己，但必须有分寸，太过锋芒毕露反而会给同事和领导留下激进的印象。如果你凡事都要先发制人，还动不动就来个“抢跑”，就会使自己处于竞争中的不利地位。主要原因是：过早地卷入竞争，就会过早地暴露自己的实力，同时也会显出自己的缺陷，以致在竞争中处于被动境地。而锋芒尽露的你很可能会因为升迁之争的淘汰制而提早出局。

所以，不妨暂时隐藏你的锋芒，来个后发制人。这样做的好处有三方面：

第一，适当地放低姿态，以谦卑的态度向职场上的前辈学习，我们不会过早地树敌。敌意之所以出现，就在于我们太优秀。在交往中，任何人都希望得到别人的肯定，都在不自觉地维护着自己的形象和尊严，如果我们表现得过于优秀，那么无形之中是对别人自尊和自信的一种挑战与轻视，别人的敌意也就不自觉地产生了。如果不让别人感觉到我们对于他们职位的威胁，我们自己也就少了很多压力，同时也就少了很多把你当成竞争对手的人。这样你的工作才好做，你才能顺利地进步和积累经验。

第二，如果我们一开始就将自己的所学全部表现出来，人们在一开始就会对我们形成起点高、能力强的看法，而如果我们在以后的工作中不能如人们所愿地表现出自己的超强能力，同事们包括上司就会对你产生失望的感觉。所以，我们应该适当地保存实力，这样我们今后如果有进步和发展，才会让人看得清楚，才会让上司和同事觉得你有无穷的发展潜力，这样你的升职才是理所当然的，也是阻挡不住的。

第三，我们刚刚进入职场，即使能力非常好，我们同样还是缺乏做事经验的。所以，我们的当务之急就是给自己足够的时间积累资本，打牢根基，争取“厚积薄发，一鸣惊人”，而不是急于做“出头鸟”，成为众矢之的。刚刚进入职场的年轻人会看到形形色色的办公室战争，如果我们不想在这个没有硝烟的战场上一败涂地，就不要过早地卷入权力的战争中，以免因经验不够丰富或者实力不够强大而惨遭淘汰。我们要学会在竞争中保持冷静，对比自己与对手的优势和不足，冷眼旁观，后发先至，才可能在竞争中出人意料地获胜，这就是“职场黑马”的修炼秘诀。

我们要学会在办公室之争中控制自己，用冷静的态度让自已看清那没有硝烟的战争。年轻人要从这些战争中慢慢地成熟起来，而不是一味地争强好胜。只有忍得下一时之气，才能在未来的跑道上取得胜利。

# 第五章

# 坚持你的抉择，别因一些外在因素动摇你的内心

## 信念坚定，才能坚定前进的方向

信念，在《新华词典》中的解释是：坚定的意志，人生的信仰。没错，当人生追求的梦想变得足够坚定，不能被外界轻易动摇的时候，便是我们拥有能够称之为“信念”的东西的时候。人生在世，我们每个人其实都有获得成功的潜能，可有的人成功，有的人失败。这其中的区别就在于我们是否懂得如何认识自己、挖掘自己、重用自己。很多时候，我们会对自己没有信心，认为别人就是理所当然地比我们要强很多。其实，我们只是忘了：有志者，事竟成；破釜沉舟，百二秦关终属楚；苦心人，天不负，卧薪尝胆，三千越甲可吞吴。

依稀记得那一年我9岁，上三年级，在学校里得了演讲比赛的第二名。在我生活的那个小村庄里，除了父辈们长久的劳作所得，其他的商品，如果有需要的话都要靠步行或骑自行车到遥远的镇上去采买。就是在这样简陋的环境里，我第一次参加学校的演讲比赛就得了奖。老实说，我的内心十分欢喜，因为第一名是我一直羡慕的镇上的同学，据我所知，她一直在校外参加少年宫提高班。

于是，放学之后，我用最快的速度奔跑回家，想和父母分享我的喜悦，希望他们认同我的进步与优秀。回到家的时候，我有点失望，因为爸妈并不在家中。我百无聊赖地坐了一会儿，便拿出作业来写。作业快写完的时候，爸爸先回来了，手中还拿着锄头。我迫不及待地冲出去，爸爸还没来得及放下背上的工具就被我喊住了。我高兴地扬了扬手中的奖状，邀功似的递到爸爸面前，希望能够得到他的夸赞。然而，爸爸看了一眼我的奖状，没有说任何话就忙着去放工具了。我的内心无比失落，仍然不死心地追问爸爸："爸爸，我得了演讲比赛第二名，你不替我开心吗？""你输了啊。"爸爸波澜不惊地回答道。"可是，有很多人参加啊，第一名还是我跟你说过的王某燕啊，她可是一直都在少年宫里面参加培训的。"我着急地向父亲解释道。父亲却转过头，深情地对我说："希望你能够记住，你不必排在任何人的后面。"当时的我其实并不明白父亲这句话的深意，但也似懂非懂地点了点头，走开了。

说来也怪，尽管那时的我还很年幼，并未听懂父亲的话语，但是父亲说话的神情一直刻在我的脑海里，也就从那次以后，每当我为取得的一点小小成绩沾沾自喜的时候，我就会想起父亲那天说的这句话，以及他说这句话时严肃的神情。再后来，这一幕就变成了我生命中的明灯，每当遇到艰难险阻想要放弃的时候，这一幕就会自动浮现在我的眼前，提醒着我、鞭策着我，让我不断努力前进。我想，正是父亲当年的这句话给年幼的我提了个醒，让我发现了自己还有争取第一的潜能，也必须有争取第一的勇气和决心。而正是这个信念，鼓舞着我不断奔向更高的目标。

亲爱的朋友，生活中的我们其实就是这样。冠军宝座向来都是我们每个人梦寐以求的，而冠军之所以诱人也正是因为它只有一个。既是如此，这世上便也注定了不可能所有的人都能够事事争得第一。但是，亲爱的朋友，换个角度思考一下。试想，如果我们连争取第一的勇气和决心都没有，我们又怎么可能有成功的希望呢？

亲爱的朋友，其实，只要我们在平时的生活中能够管理好自己的信念，能够大胆地多给自己一点刺激，多一点信心、勇气、干劲，多一份胆略和毅力，就能够将埋藏在我们内心深处的潜能发挥出来，创造出连我们自己都有可能吃惊的成就。亲爱的朋友，想要成为我们想成为的人，是什么时候都可以开始的；想要去做我们想要做的事情，任何方向都值得我们去努力。当你吝啬于付出自己的汗水和能量的时候，就是无法坚定地管理自我信念的时候，这时你所走的每一条路都有可能是弯路。而当你学会管理自我信念，用坚定的意志和超强的自制力管束住自我的行动时，只要你朝着目标继续努力前进，即便当下没有获得任何明显的进步，最终你也一定会发现：只要你足够努力与拼搏，整个世界都会为你让路。未来和梦想从来都没有想象中那么简单，也从来都不是仅靠嘴上说说，而是我们用坚定的意志和踏实的行动一步步拼搏出来的。

因此，亲爱的朋友，请你记住：管理好自己的信念，用我们最强大的内心面对这尘世的致命诱惑，最终，你一定能够品尝到生活的甘甜和梦想实现的美好。只要拿出坚定必胜的信念，拿出背水一战的勇气，激发出我们内心的潜能，最终一定能够大步迈向成功。

## 能以坚强的心战胜厄运，整个世界都会因此而变得绚烂无比

每个人都希望人生一帆风顺，岁月静好，然而命运却偏偏与我们作对，总是给我们出各种各样的难题。面对人生中的困境和绝境，很多人总是心生畏缩，恨不得找一个地方藏起来，再也不用面对这么糟糕的局面。然而，一个人不可能在一生之中始终躲避，既然人生中不如意十之八九，那么我们唯一战胜人生的办法就是让自己变得勇敢。当我们以坚强的心战胜厄运，整个世界都会因此而变得绚烂无比。

人生就像是辽阔无边的海洋，时而风平浪静，时而惊涛骇浪，而我们每个人都像是心思单纯的水手，原本梦想着海面阳光灿烂，却不想遇到了滔天巨浪，狂风骤雨。然而，此时我们已经到了海洋之中，难道能够马上打道回府，返回岸边吗？即使想要退缩，也必须熬过这一关，等待风平浪静的时候。既然如此，我们为何不勇敢地向前冲，冲破这惊涛骇浪到达人生的彼岸呢？如果因为小小的挫折就放弃对人生的努力，那么人生最终会一事无成。就像登山的时候，我们不能因为荆棘丛生就退缩，否则我们永远也无法到达山顶。记住，任何时候，只要你坚持，这个世界就会给你回馈。

纳特是一个命运波折的小男孩。从呱呱坠地开始，他就接连遭受命运的打击和折磨。大多数孩子在一岁前后就开始牙牙学语，然而他直到三岁才终于蹦出第一个字，全家人都因为他贵人语迟终于开了金口而欣喜若狂。但是，没过多久，他却遭遇了人生中第一个沉重的打击。他在横穿马路的时候被一辆车撞到高高飞起，又重重地落到地上。然而，这也许只是命运对他的警告，他在这次车祸中轻微脑震荡，虽然有小小的外伤，但在缝合了几针之后就很快愈合了。然而，从此之后他的身体却变得非常差。各种各样的疾病轮番上阵，把他折磨得疲惫不堪，也影响了他正常的生长发育。和其他健康的小朋友相比，他就像一棵豆芽菜一样矮小瘦弱。即便如此，他还是坚强地长大了。

转眼之间，纳特已经10岁了。正是在10岁这一年，纳特遭遇了命运更残酷的打击。那天是一个喜庆的节日，纳特穿着妈妈提前为他准备好的漂亮衣服，正准备和小伙伴们一起去游行。然而，他在刷牙的时候突然感觉自己的半边脸有点麻木。他不以为然，却不知道这正是厄运在伸出魔掌。他把自己的情况告诉妈妈，妈妈当即送他医院。在去医院的路上，他感觉到脸颊渐渐麻木，不由得非常惊恐。他不停地问妈妈："命运真的这么残酷吗？上帝到底能不能帮助我渡过难关呢？"妈妈心如绞痛，但是她不能在纳特面前表现出绝望，因而她微笑着告诉纳特："上帝是非常仁慈的，他也充满智慧。为了让你变成坚强的孩子，上帝才派来这些疾病考验你。你看，在一次一次与疾病斗争的过程中，你不是变得更加强大了吗？妈妈相信你这次也一定能安然渡过难关。"妈妈的安慰让纳特稍微平静了一些，他暗暗告诉自己：上帝在看着我呢，我一定要坚强而又勇敢，不让上帝失望。

医生对纳特进行了脊椎穿刺手术，这样的痛苦是很多成年人都难以忍受的，但是当长长的钢针扎进脊椎里抽骨髓时，纳特却忍受着剧痛，一动也不动。他相信上帝正在看着自己。两个星期之后，纳特的面瘫症状神奇地消失了，但是他的嘴巴却出现了新问题。他无法清晰地说话，也无法准确地表达自己。

幸好哥哥与他心有灵犀，能帮助他，成为他最贴心的翻译。

此后，在妈妈的精心照顾下、在哥哥的贴身陪伴下，纳特坚强地与病魔作斗争。他和所有孩子一样正常地去学校学习，除此之外，他还会努力锻炼自己的嘴巴，让自己学会说话。经历了艰难多折的童年，纳特终于从弱不禁风的孩子成长为一个少年。他从未停止对自己的拯救，听说运动能够让体质变强，他就主动学习打篮球。虽然在打篮球的过程中，因为反应迟钝，经常受到伤害，但是他从未被疼痛吓倒过。后来，篮球队的伙伴们都觉得纳特反应太慢，因而不愿意和纳特一起玩。又是哥哥坚决地陪在纳特身边，与纳特一起在家中简陋的条件下玩篮球。后来，纳特终于战胜疾病，变得越来越强壮。长大成人之后，他居然成为了NBA球队的签约队员。不得不说，这是生命创造的奇迹。

纳特之所以能从一个命运多舛、饱受病痛磨难的孩子成长为追风的少年，就是因为他从来没有放弃自己。在他的坚持下，也在哥哥和妈妈的支持下，命运最终向他屈服。他成为了自己人生的主宰，也获得了全世界的掌声。

人生就像一片汪洋大海，我们是选择在大海惊涛骇浪的时候乘风破浪，还是选择逃避，这决定了我们的人生最终将会去往何方。既然不管是回头还是向前，都要穿越这残酷的海域，我们为何不能坦然接受命运的安排，超越人生的困境？人生的钥匙始终掌握在你的手中，你是你自己人生的主宰，你是你万能的上帝。

## 坚持自己的选择，才能为自己赢得最大限度的发展

每个人都像一块棱角分明的石头，想要改变这个世界，让世界符合我们自身的棱角。遗憾的是，世界的存在是不以人的意志为转移的，没有任何人有力量改变这个世界。这样一来，我们如何在这个世界中更好地生存，如何发挥自己的能力让自己生活得更好，就成为我们必须面对的问题。当然，我们生活的环境远远不止客观存在的世界那么简单，人是群居动物，作为现代社会的人，我们更要融入现代社会，才能为自己赢得最大限度的发展，从而赢得人生的进步。

从各种影视剧中，包括我们身边的人和事里，我们总能看到有人为了迎合这个世界，毫无原则和底线地改变自我。的确，我们不是完美的，我们存在很多缺点和瑕疵，我们也因此被他人指责。面对他人的不满，我们是选择坚持自我，还是选择改变自己以迎合他人呢？对于这个问题，也许有些朋友觉得很难做出选择。但是现实情况却是，我们即便再怎么改变，也无法得到所有人的肯定和认可，更无法让自己真正变得十全十

美。既然无论我们如何委屈自己，都无法得到所有人的满意，都依然会受到他人的指责和抱怨，我们又有何必要改变自己呢？不改变自己，至少坚持自我，活出自己真正属于自己的真实和精彩。所以聪明的朋友对这个问题一定能够给出明智的回答。

现实生活中，很多朋友对自己并不满意，他们或者觉得自己不够聪明，或者为自己天生就存在的缺陷感到遗憾。但是，我们必须知道，在这个世界上，任何人都想拥有健全的身体和健康的心灵。很多时候，我们的确不那么完美，但是这并不意味着是我们的错。我们就算存在严重的缺陷，也无须因此感到自卑。命运总是公平的，它在关掉一扇门时，总会为我们打开一扇窗。我们唯有保持积极乐观的心态，充满希望地面对人生，才能打开人生的窗户，从而为自己赢得新的生机和机会。

在这个世界上，真正的善良一定是尊重他人，而真正的邪恶，则是总是想要主宰他人的生命。因而朋友们，无论我们的身份是高贵还是卑贱，也无论我们的地位是高还是低，任何时候，我们都要尊重自己，也尊重他人。唯有保持人性的真实与自然，我们才能更加贴近生命，最终找到人生的意义和真谛。因此，无论外界的人如何评价和判断我们，我们都应该坚持本心。否则，一旦我们屈服，我们的人生就会就此沉沦，我们也会真正在他人面前低人一等。

每个人都想要成为勇敢的人，殊不知，真正的勇敢并非体格上的健壮，而是精神上的强大。我们不但要有力量，更要充满希望。记住，我们的人生只属于我们自己，我们是我们生命唯一的主宰。我们不应该活在他人的眼睛和嘴巴里，我们更无须讨好任何人，特别是那些对我们心怀恶意的人。正如人们常说的，道不同不相为谋。对于那些与我们心意不相通的人，我们根本无须在乎他们的看法和想法。要知道，我们的人生由我们自己做主。拥有成功的人生，我们就会更加引人羡慕。在人生的路上遭遇失败，我们只能默默承受，勇敢面对。正如但丁所说的，走自己的路，让别人说去吧！的确，既然不管我们做得是好还是坏，他人都是注定要说的，那么我们何不任由他人去说呢！因为即使我们改变了，也无法让他们闭嘴。

每个人从人生的路上走过，都曾经有过一段激情燃烧的岁月。然而，哪怕我们的激情渐渐退去，人生沉淀之后变得安稳，我们也依然需要对生活满怀热情。对于生活的困顿，很多人都觉得难以接受，甚至始终想方设法地与其对抗。殊不知，解决困顿的方法并非一朝一夕就能想出来的，我们完全可以改变思路，与困顿和平共处。任何时候，生活都不会一帆风顺，但是我们却必须满怀希望和憧憬地继续行走人生之路。所谓存在即合理，在这个世界上生活，我们要接受和享受那些美好，也要接受和拥抱那些烦恼忧愁。唯有如此，我们才能勇敢面对人生，迎接未来，点燃希望。

## 既然选择，就要勇敢前行

年轻人成熟与否的标志不在于你的年龄和你经历过多少事，而在于你能不能将自己做了决定的事勇敢地去实现。法律规定，18岁以后的人属于成年人，如果犯了罪，就要对自己的行为负全责，而在18岁以前，你的犯罪行为是由监护人和社会负一部分责任的。那么，在步入社会后，我们只有首先能对自己的决定负责，才能最终对社会负责。

如果我们对未来抱有远大的理想，我们希望自己的梦想能成为现实，就要学会自己做决定。由于眼界、恐惧等因素，我们往往不敢自己做决定，觉得自己还很幼稚，自己的决定也许会对未来造成很坏的影响。父母更是把我们看成小孩子一样对待，凡事小心翼翼，事事为我们准备好、决定好。从小到大，我们很少有自己做决定的时候。功课的进度不是由我们决定，上不上学不是由我们决定，甚至兴趣爱好也是由家长代为挑选的。但是我们现在长大了，需要有自己的想法，自己的事情自己决定，自己的人生自己负责，才可能有大的成就。

每一个成功的人在走向成功的过程中，都会遇到各种各样反对的声音。如果我们下定决心去做某事，首先要在下决定之前好好地思考这件事带给我们的利弊，因为你突然要从大众的80%里跳出来，进入20%的队伍里，变化让人不安，尤其是你周围的人，他们会出于各种原因对你提出质疑。但是你要知道，你自己决定了的事情，只要你坚持，勇敢地去实现，你的人生就是成功的。年轻人的字典里不需要有“后悔”二字，我们时刻要做到坚持自我，自己的人生自己决定。只有这样，才会让你在今后的道路上越走越远。

那么，哪些对我们来说是人生中重要的决定呢？

1.年轻人要了解自己想过什么样的人生

你想过怎样的人生，都是自己决定的。是希望功成名就还是平平淡淡？是希望轰轰烈烈还是默默无闻？每个人都有不一样的想法，也会做出不一样的决定。北京大学有一位以卖猪肉出名的毕业生，大家对他的职业议论纷纷，他却说：“北大能出俞敏洪那样的名人，也能出杀猪卖猪肉的，这是我们的不同选择，我们追求的人生目标不同。”比尔·盖茨在哈佛求学期间决定退学从事自己的电脑事业，他的父母、朋友最初都觉得他一定是疯了，而他决定了的事没有人能改变，于是，我们有了一位没有哈佛毕业证的世界首富。有人提议在哈佛校庆的时候邀请比尔·盖茨做演讲，但是被学校拒绝了。比尔·盖茨并不为当初的决定后悔，因为是他自己选择放弃学业，开创自己的事业的。

自己决定过怎样的生活，是一种勇气，也是一种智慧。李白说："仰天大笑出门去，我辈岂是蓬蒿人。"那是一种入世的豪迈。陶渊明说："采菊东篱下，悠然见南山。"那是一种出世的淡然。我们希望有怎样的人生，是我们自己决定的，也要由自己去承担责任。入世的李白有"人生在世不称意，明朝散发弄扁舟"的苦恼，出世的陶渊明也有"草盛豆苗稀"的感慨，但他们都为自己的生活承担了相当的责任，为自己的后世留下了不朽的作品，所以他们同样是成功的。

2.年轻人要清楚自己的职业、事业、学业的选择

是继续求学，还是在社会中奋斗？是为别人打工，还是自己走向创业之路？是选择稳定、悠闲的事业单位，还是选择竞争激烈、升职空间大的私人企业？这些都要年轻人自己选择，因为每个决定都影响着我们的人生，只有衡量好哪条路离你的梦想最近，对未来最有帮助，你才能在工作生活中付出百分之百的努力。

3.年轻人要清楚自己想要什么样的爱情，什么样的婚姻

爱情与婚姻对于年轻人来讲已经不是遥远的事，在我们的工作、学习稳定后，有必要对自己的感情世界做个初步的规划。很多年轻人在选择自己人生的另一半的时候，不知道要用

什么样的标准来衡量。有的人甚至用是否对自己的事业有帮助，是否能够为自己带来安逸的生活为标准。

在这方面，林徽因女士用自己的智慧做出了最好的选择。林徽因是我国近代最美丽的女士之一，诗人徐志摩、建筑师梁思成同时爱慕她，她选择配偶的标准是自己想过一种什么样的生活。她想要的不是诗人浪漫的爱情，她要的是能够与自己有共同的语言、共同的事业爱好、平等的（当时徐志摩已有妻室），能给自己的生活带来发展的婚姻。因此，她嫁给了梁思成，梁思成也真的给她的事业带来了发展，他们共同设计了人民大会堂。诗人舒婷也为我们描绘了自己渴望的爱情，她渴望的不是藤蔓的缠绕，而是树木的共同依靠。

婚姻是一生的事情，在某种程度上，它比事业更为重要。不合适的婚姻，不但会造成自己在生活上的困扰，更可能给自己的事业带来巨大的负面影响。如果一个事业繁忙的男人，娶了一个希望时时刻刻待在老公身边的妻子或者不信任自己的妻子，那种挥之不去、斩之不舍的烦恼，对自己的事业会造成很大的困扰。相反，一个事业上的女强人，嫁给了一位希望妻子小鸟依人、照顾家庭的“斯文男”，也会消耗自己对于事业的热情。

如果你觉得自己还没有做大决定的能力，那不如从决定自己的小事做起。当我们越来越清楚自己想走怎样的人生路，想过怎样的生活时，你自然会做出适合自己的决定，你也一定会为你的决定勇敢地前进。

## 勇敢地尝试你自己所做的选择，并坚持到底

由于对自己无法把握，人容易产生患得患失的心态，一个人无法把握自己往往是因为对自己不够了解。因为看不清自己，所以在做选择的时候常常遭遇两难的境地，不知道选择这个还是选择那个。

人生的选择题并不是数学题，没有标准的答案，即便有许多人告诉你同一个答案，那个答案也未必是对的，因为你是你自己，别人是别人，别人的经验是他们通过自己的经历获得的，对于我们自身，并不一定同样适用。所以，最好的办法就是去勇敢地尝试你自己所做的选择，对自己的每一次选择负责，就是对你的人生负责。

春天到了，园丁听到两粒种子躺在土壤里的对话。

第一粒种子说：“我要努力拱出地面，并且将根深深扎入土壤；我要出人头地，让自己在大自然中迎风摇摆，大声歌唱生命的高贵。虽然最终我会在秋天枯萎，但我的一生活得很充实。”

第二粒种子说：“我没你那么勇敢。如果我用力向地面上钻，会伤到我脆弱的茎心；如果我向土壤里深深扎根，可能会碰到坚硬的石头；如果幼芽长出，会被昆虫吃掉；我若开花结果，只怕小孩子会将我连根拔起。我看我还是待在土壤里面最安全。长出来也没什么意思，反正最终都会死的。”

园丁听完两粒种子的对话后，对第一粒种子充满信心，他辛勤护理，使其茁壮生长。对第二粒种子却失去信心，疏于管理，结果第二粒种子刚露出地面就逐渐枯萎了。

其实，你自己就是园丁，两粒种子代表了你的两种选择，两种心态。假如你充满自信和勇气，就会像第一颗种子那样，在有限的生命里尽情享受人世间的快乐；假如你缺乏自信和勇气，你就会像第二颗种子那样渐渐老去，直至枯萎。人生就是一次无法回头的旅行，不敢冒险其实就是最大的风险，这只会让危险快速到来，相信自己，要对自己的未来充满热忱，永远不做随随便便的妥协。所以，在漫长的人生旅途中，我们要对自己的每一次选择负责，要对自己的人生负起责任。

在人生的不断实践中，你才会逐渐地了解自己，你才会知道自己到底想要什么样的生活，到底什么样的人生才是适合自己的。而当我们每一次面临生活的选择，最起码的一个标准就是对自己负责。一个对自己都不负责的人，怎么指望他对别人负责？对自己负责，就是对自己所做的一切行为负责，就是对自己所做的选择负责，为此承担一切后果。

只有对自己的选择负责，你才不会在发现这个选择并不适合你的时候悔恨懊恼，因为这是你自己做的决定，这是你自己的人生，即便最后你发现这并不是一个好的选择，至少它很好地让你认清了自己。而看清了自己，你才会做出更好的选择，你才会拥有更好的人生。

## 只管努力，纠结过去和未来都没有意义

生活中，对于有些事物我们往往是失去时才觉得弥足珍贵，从而觉得遗憾。遗憾是因为失去的东西对自己很重要，越是觉得惋惜越是说明东西的重要性。不过，遗憾也是无济于事，因为世事难料，所谓“塞翁失马，焉知非福”，对于那些争取过的东西，我们不应该害怕失去。当然，失去意味着结束，对已成定局的事情做无谓的挽留或争取，那不过是在浪费自己的时间和精力，这是很愚蠢的，也是没有任何意义的。如果失去了，就应该让这件事告一段落，而不是处处较真，总是纠结在失去的痛苦之中。在失去之后，我们应该及时调整自己的心态，及时总结并吸取教训，避免类似的问题再出现，从而使自己得到成长。

不要害怕失去，因为我们所拥有的一切都将失去；不要担心未来，所有属于你的都会出现。只要我们已经竭尽全力，努力争取过，就不必害怕失去，自信、坚强、勇敢是洒在你心田的阳光。我们的老祖宗留下一句老话："旧的不去，新的不来。"这是很有道理的，正因为失去了，我们才会去努力，使自己重新拥有更好的，这样社会才会进步。对我们而言，有些东西在冥冥之中是注定的，是你的终究是你的，不是你的就算你得到了还是会离你而去，只要我们努力过，争取过，那就不要后悔。因此，一旦失去了就不要较真，不要强求，凡事随缘，这样自己也就不会太累。

老周是中学里一名优秀的老师，风趣幽默，博学多才，深得学生们的喜欢。照理说，这样一份稳定的工作，应该算是不错。但老周并不这样想，想到家里拮据的生活，以及总是穿着朴素的妻子，他就觉得心酸，他觉得，一个大男人不应该让妻儿过这样的生活。"教师"这个职业，真的像某些人说的那样，吃得饱，饿不着，但永远也只能维持这样的水平，富不了，饿不死。老周眼看着身边的同学都下海经商了，他眼红了，谁不想过好日子呢？老周觉得，自己也可以去尝试一下。

说干就干，老周办了停薪留职手续，因为这会儿学校正进行人事调动，大家都觉得老周会成为学校领导班子的一员，却没想到他会在这时候办停薪留职。但老周只是笑笑："没事，万一海里不好混，我就还是上岸来。”

老周拿了家里的全部积蓄，通过朋友的介绍，南下广州做小生意。殊不知，商海并不如学校那样安静，对于经常研究教学的老周而言，商海确实比较复杂，人心叵测，尔虞我诈，这让老周感到很疲惫。这个世界是怎么了？怎么人全部变成了这样子呢？虽然经常会有这样的感叹，但老周还是努力去做生意，可他好像天生就不是做生意的那块料，不是投资失败，就是血本无归。

两年过去了，老周还是一贫如洗，积蓄也没有了，他只好灰溜溜地回到了家里。闭门待了一个星期，老周想通了，自己努力了，争取了，即便做不成生意，损失了钱财又怎么样呢？那至少证明自己原来并不适合做生意，这样想着，老周决定重新回到学校做老师。

回到学校，老周还是一名普通的老师，当年跟自己同一个水平的同事都成为了领导。一时之间，老周领悟了得失的奥秘。朋友纷纷为老周当年的冒失“下海”感到惋惜，更为现在的状况感到担忧，但老周却说：“没事，凡事争取过，努力过，即便是失去了，我也不会后悔了。”

对于未来的美好的生活，老周敢于去争取，敢于去努力，即便这个环境与自己的个性格格不入，他也会努力把事情做好。虽然最后，他做生意失败了，等回到学校，身边的同事也已经成为自己的领导，但在得失之间变得从容的他并不觉得后悔，更不会有遗憾。他觉得，凡事只要自己争取过了，努力过了，即便最后失败了，自己也是不会后悔的。

1.失去意味着过去

不论失去的东西对我们多么重要，那都是已经失去的，过去已经成为历史，而这些都是无法更改的。失去并不可怕，可怕的是人失去自我，失去信心。当我们面临失去，面临困难、挫折的时候，要相信阳光总在风雨之后。人生会面临无数次的取舍，请不要害怕失去，只要我们把握现在，着眼未来，只要心中怀着希望，那明天就一定会更好。

2.不要为失去而较真

我们总为失去较真是因为我们舍不得失去，我们总在为失去而后悔痛苦，但即便是这样，又能怎么样呢？难道后悔和惋惜可以让我们重新获得那些失去的东西吗？当然不能，因此，与其为失去而痛苦，不如为新的开始而努力。

# 第六章

# 接受选择的结果，选择后就无怨无悔

## 对人生而言，最高的境界是无怨无悔

每个人都有自己的人生，每个人对于自己的人生也都有一定的规划和憧憬。然而，大多数人最大的弱点就是过于在乎他人的看法，最终导致迷失了自己的本心，在他人的指指点点和随意的评价中，把原本应该顺利完成的事情做得磕磕绊绊。要知道一个人如果想主宰自己的人生和命运，就应该坚持自己的想法，走好属于自己的人生道路。正如但丁所说，“走自己的路，让别人说去吧”。唯有如此，我们才能避免负能量侵袭自己的内心，阻碍幸福的到来。

现实生活中，大多数人都为了他人而活着。他们总是过于在乎他人的看法和评价，导致不知道自己该怎么做了。就像邯郸学步一样，如果一个人一心一意想要模仿别人，得到他人的满意，最终甚至会连如何做自己都彻底忘记，这岂不是天底下最大的笑话吗？所以说，对于人生而言，最高的境界是无怨无悔，最洒脱的境界则是不惧不怕。无怨无悔，是对人生中发生的一切事情都不感到懊悔；不惧不怕，是指当遭遇别人的指指点点时能够做到坚持自我，绝不轻易妥协。

人生之中，真正能够做到对他人的看法和想法置若罔闻的还是少数，大多数人都会随着他人的评价而改变自己的心情。糟糕的是，生活中总有一些人特别喜欢关注他人，对他人的言行举止品头论足，对他人的任何决定都做出反对的意见，对他人哪怕成功的经历也能挑剔出一些错误来。这些人似乎天生就是为了苛责别人而存在，却从未想过自己对别人如此挑剔，自己是否又能够真正实现完美。

一个人哪怕再努力也无法得到所有人的满意，尤其是在人生的旅程中，几乎每个人都会遭到他人的否定和质疑，甚至在他人异样的目光中无所适从。在这种情况下，心中的愤怒油然而生是在所难免的，但是千万不要真的用别人的错误来惩罚自己，因为你的反应越大，那些对你施加评论的人就会变得越兴奋。最重要的是保持平静的心态，这样才能让人生的一切都顺利进展下去。

阳阳是一个棉花耳朵的男人，所谓棉花耳朵，就是说他的耳根子非常软，总是喜欢听别人的话，尤其是喜欢听媳妇的枕边风。常言道，儿子娶了媳妇忘了娘，把这句话用在阳阳身上再恰当不过。

阳阳的媳妇丽丽是一个见钱眼开的人，虽然阳阳在结婚之前就决定以后不和父母住在一起，但是丽丽听说公婆要买房子，马上就从遥远的娘家赶来要和公婆一起生活。看到丽丽如此迫不及待的样子，婆婆未免觉得有些反感。然而阳阳却完全听信丽丽的话，还告诉妈妈，丽丽是一个非常好的女孩，是专门来照顾公公和婆婆的。婆婆不由得觉得啼笑皆非，因为丽丽早在结婚前就已经和阳阳说好，结婚后非但不和阳阳的父母一起居住，而且还要去丽丽的娘家所在的城市生活。丽丽只想远离公婆，离自己的父母更近一些。婆婆当然也不是一个糊涂的人，她自然知道儿媳妇这样的转变是何原因。婆婆果断终止买房的事情，丽丽千里迢迢而来却扑了个空，最终又因为对婆婆心怀不满而挑唆阳阳，导致婆媳关系陷入破裂的状态，父母与阳阳的关系也前所未有的紧张。

生活中，很多家庭的婆媳关系都非常紧张，这往往并不是因为婆婆和媳妇之间有什么深仇大恨，而是因为当儿子的没有起到良好的沟通和协调作用。在这种情况下，如果做儿子的能够多多为父母着想，不要总是听媳妇的枕边风，或者哪怕听到媳妇说了什么不好听的话，也能够对父母适当隐瞒，那么婆媳关系一定会好转。

现实生活中总是充斥着各种各样复杂的人际关系，每个人都在人际关系的大网中苦苦挣扎。一个真正能够把各种关系都协调得恰到好处的人，无疑是人际相处的高手。而大多数人都没有这样的能力，在错综复杂的人际关系中，他们总是感到心有余而力不足，甚至觉得无能为力。尤其是现代社会，不管是在生活中，还是在职场上，人际关系都逼迫得人喘不过气来。一个人如果不能把人际关系经营协调好，那么他就无法拥有幸福美好的生活，更会因为糟糕的人际关系而陷入苦恼和无奈之中。

当然，圆滑处世也未必就是一件好事。很多时候，人并非天生如此，而是在后天的成长过程中逐渐形成了自己待人处事的风格。一个人不能总太在意别人的看法，否则他的情绪就会因为别人无心的一句话而产生剧烈的波动。有的时候，即使别人说的真有道理，我们也应该从自身的实际情况出发，有的放矢地采纳他人的意见。要想做到一点，我们就要客观理智地认知自己，知道自己的长处和优势所在，也不要过于在意他人的目光和评价。

当人们对某件事情感到心有余而力不足时，因为无助，总是情不自禁想要倾听他人的想法或者受到他人的影响。表现出举棋不定，恰恰是因为你的内心不够丰富和充实，在这种情况下，你可以多多读书或者经常出去旅游，从而开阔自己的眼界，丰富自己的内心，让自己变得越来越强大。这样一来，当你坚守自己的内心，拥有强大的正能量，别人还怎么可能轻易地影响你呢?

总而言之，人生应该做到无怨无悔，也应该做到不惧不怕。当一个人坚持做最真实的自己，哪怕遭受些许的流言蜚语也是值得的。时间终究会给出最终的裁决和答案，让我们知道，什么才是人生中真正值得珍惜和坚持的。

## 人生是在不断犯错和试错的过程中逐渐成长起来的

每当说起成功的模式，人们总是陷入惯性思维之中，认为成功就是草根逆袭。当一个普通的小职员，从最基层的岗位开始做起，然后通过自身不断努力得以晋升，最终成为行业精英，这带给我们的会是什么样的感受呢？现代职场上，有人从事着自己不喜欢的工作，直到有一天突然发现了自己的擅长和兴趣所在，因此下定决心辞掉工作，给自己找到新的舞台。在这种情况下，他们又要如何面对自己的人生呢？听起来这一切都是水到渠成、顺理成章的，也给人以很大的激励，但实际上这样的故事未免落入俗套，使人感到非常乏味。

世界上从来没有一帆风顺的人生，当人们把人生的经历说得太过普通和平常，哪怕听起来让人觉得怦然心动，却无法给人幸福的感觉。实际上，对于大多数人而言，在年轻的时候，在人生中的某个阶段，总会做一些让自己追悔莫及的蠢事。在当时，他们因为事情的发生而对自己极其不满，却不知道时过境迁，这些事情会变成他们人生中最宝贵的经验和阅历。正如人们常说的，没有一段经历是白白浪费的，这句话告诉我们人生中的每一段经历都是有意义和价值的，都会对我们的人生起到积极的推动作用，也会让我们的人生变得更加充实和精彩，所以任何时候，我们都不要回避自己曾经不堪回首的过往，如果没有那些事情的发生，也就没有今日的我们，更没有我们如今的成就。因此，我们应该正视自己干过的蠢事，也应该对自己付出的一切都心怀感激。

很多人都追求无怨无悔的人生，却没有任何人的人生能够真正做到无悔。大多数的人生都是在不断犯错和试错的过程中逐渐成长起来的，恰恰是那些曾经的悔不当初才让我们有了今天的意识和觉悟。常言道，不经历无以成经验。很多时候父母希望把他们的经验传递给我们，让我们少走一些人生的弯路，从而让我们的人生更加顺遂如意。实际上，父母传授的经验并不能代替我们的成长，归根结底，我们要通过亲身经历才能一步一步地成长。所以对于那些曾经让我们懊悔的事情，不要觉得后悔，因为后悔的情绪对于解决事情并没有切实有效的帮助，唯有真正从情绪自身出发，接纳这些情绪的存在，人生才会更加从容。

周末，小迷去参加同事的婚礼，亲眼看着同事变成了世界上最美丽的新娘，小迷羡慕不已。如今，她还是单身，也不知道何时才能遇到自己的真命天子。想到这里，小迷不禁有些懊悔。

小迷曾经有一个青梅竹马的男朋友，他们从高中时就开始谈恋爱，一直到大学期间感情都很好。然而，大学毕业后，他们分道扬镳，根本的原因就是小迷希望男友能到自己所在的城市，然而男友志在四方，希望在大都市里站住脚，打拼出一片天地。小迷不愿意离开父母，因而与男友分手。时至今日她才明白，很多感情一旦错过了就再也无法挽回。和男友分手没多久，男友有了新的追求者。凭着自身的努力和奋斗，没过几年，男友就在大城市里买了房子，而且已经结婚生子了。小迷无数次幻想自己如果当初能够坚持，那么如今就可以把父母接到大城市一起生活。但是现在，她就算想回头，也无路可走。她只能暗暗地祝福自己，祈祷尽快迎来下一段感情。

人生无悔，当然是大多数人都追求的境界。然而真正想要做到却很难，这是因为人生从来不让人顺遂如意。要想在人生中获得幸福美满，我们就必须付出更多的努力，也要有更多的执着和坚持。

人生就像一场没有归途的旅程，永远也不可能从头来过。虽然如今的影视剧非常热衷穿越题材，但是真正的人生是不可能实现穿越的。退一万步而言，就算真的能够回到过去，我们也不能保证自己做的一切都是无怨无悔的。

既然如此，还有什么必要因为如今的失落而感到痛苦呢？与其花费时间在痛苦上，还不如抓紧时间享受充实的人生，唯有如此，我们的人生才会更加洒脱豁达。

## 哭过之后，就要重新进发

有些时候，人生的苦难会接踵而来，甚至让你喘不过气。你会抱怨命运对自己过于苛刻，也会抱怨自己简直倒霉到家，所以才会喝口凉水都塞牙缝儿。实际上，这一切都是人生中最正常不过的现象，因为并没有人规定苦难要在幸福之后来临，也没有人规定苦难不能一样一样地接踵而至。很有可能苦难就像连珠炮一样向你投射过来，那么你能怎么做呢？坚强的你也许会选择哭泣，但是在哭泣之后，还是要擦干眼泪继续沿着人生的道路向前奔走。这是因为停滞不前，只能让你永远陷入悲伤之中，而只有努力地奔跑，你才能把失败远远地甩在身后。跑起来，这也许是战胜失败唯一的方法，这个方法远远比逃避和畏缩来得更好，也更卓有成效。

没有任何人的人生会是一帆风顺的，在人生的道路上，人们总是会经历各种坎坷、挫折，甚至遭遇意外的打击。这种打击使人感觉到人生的天空瞬间都变成了灰色的，甚至还有人想要结束自己的生命，然而等到熬过去之后，这一切曾经让人痛不欲生的经历都会变成人生中丰富的经验，甚至成为人生的资本。记住，这个世界上没有所谓的苦也就没有所谓的甜，没有所谓的悲伤也就没有所谓的幸福，所以我们与其抱怨命运坎坷多折，不如努力面对命运，也让人生获得更多的可能性。你必须意识到，你远远比你想象中更加坚强，只要你不选择结束生命，只要你继续坚强地屹立在天地之间，你最终会熬过这段难过的时光，从而获得精神上的涅槃和重生。

人之所以失败，是因为他们在失败的地方彻底地倒下了，他们不愿意挣扎着站起来，也不愿意重新面对苦难的人生。他们选择了放弃，让自己的人生从此止步不前。这正是失败者与成功者最大的区别之一，成功者在面对失败的时候不会一味地趴在地上哭泣，他们也许会暂时地趴在地上哭泣，但是他们最终还是要勇敢地站起来，擦干眼泪，带着微笑继续向前奔走。这样一来，他们早晚能走出失败的阴影，来到人生的柳暗花明处。也正因为对待失败拥有如此坚韧不拔的精神，他们的人生才变得强大，他们的内心也才变得坚不可摧。不得不说，每个人都是人生的主角，都是命运的掌舵者，但是失败者恰恰把这个权利交给了未知的一切，也让自己的人生变成了风中的浮萍，漂泊不定。

哪怕是一出生就拥有很多财富的富二代和官二代，他们的人生也不可能是一路欢歌的。受苦就是人生的本质，对于很多人而言，受苦甚至是人生的重头戏，而幸福只是如同过客一样转眼即逝。即便如此，他们也依然坚强地活着，虽然活得卑微，但却是生命中真正的强者，因为他们知道人生的本质就是死撑着。一位记者曾经采访一位百岁老人对于人生的感悟，百岁老人只用了一个字作为回答，那就是——熬。“熬”这个字真的非常形象地说明了人生的本质，也点明人生的真谛。实际上，人生没有捷径，而度过人生苦难的唯一办法就是熬。

大学毕业后，小梦就和自己青梅竹马的男朋友刘翔结婚了。原本她以为等待着自己的将是幸福美满的婚姻生活，不想他们刚刚结婚的时候条件很差，刘翔又要自主创业，所以小梦只好辞掉工作，安心在家给刘翔当好贤内助。没过多久，小梦怀孕了，她刚刚学会照顾自己，就成为了年轻的妈妈。从此之后，小梦的噩梦也就开始了，她不但要照顾自己和孩子，还要照顾在外奔波的刘翔。几年下来，小梦从一个年轻漂亮的女孩变成了一个憔悴的小妇人。此时，刘翔的事业却蒸蒸日上，公司也渐渐步入正轨，规模越来越大。可想而知，年轻有为的刘翔成了很多年轻姑娘都喜欢的钻石王老五。人们都说男人是偷腥的猫，天生注定了要吃鱼。在年轻女秘书的强烈追求攻势下，刘翔最终缴械投降，发生了婚外情。

正如人们常说的一样，当男人有外遇的时候，全世界最后一个知道的就是他的老婆。当小梦得知这个消息的时候，觉得天塌地陷，她不知道自己为何要在最美好的青春年华中结婚生子，也不知道自己如今活着的意义何在。然而看着年幼无辜的孩子，小梦虽然想到了死，却不能真的去死。在短短的几个月时间里，小梦的眼泪都哭干了。此时，又传来女秘书怀孕的消息。小梦最终选择坚决地退出。虽然刘翔一再挽留，说自己和女秘书只是逢场作戏，但是小梦知道自己哪怕已经失去一切，却不能失去做人的原则和底线。在真正做出离婚的决定之后，小梦反而变得心平气和。她擦干眼泪，开始规划自己未来的生活。认真想想似乎并没有她想得那么可怕，毕竟父母还能帮助她一起养育孩子，而她也可以出去工作。离婚一年多之后，小梦就像变了一个人，曾经像黄脸婆一样的她如今每天都打扮得光鲜亮丽，出入于高档写字楼。哪怕有儿子需要抚养，也依然有年轻的成功男性追求她，小梦决定这次慎重地对待爱情，重新开始自己的人生。

假如小梦始终沉浸在离婚的悲痛中不能自拔，那么等待她的必然是更加艰难苦涩的生活。幸好小梦没有放弃自己，而是在擦干眼泪之后，从哪里跌倒了就从哪里爬起来，最终又赢回了属于自己的人生。

朋友们，当觉得人生无望的时候，当觉得人生之中幸福太少而苦涩太多的时候，不如痛哭一场吧。很多男人都觉得自己不能哭泣，实际上，每个人都有哭泣的权利，哭泣不但是宣泄情绪的方式，也是帮助我们获得内心平衡的好办法，更是让我们恢复平静的途径。人们在遭遇重大打击时，最好的办法就是哭出来，只有哭出来，内心才能痛快，也只有哭出来，才能真正迈过那道坎儿，让自己有机会擦干眼泪重新绽放笑容，也让自己鼓起勇气成为人生的主宰，无所畏惧地面对人生。

## 别害怕犯错，错误是进步的阶梯

人人都渴望成功，害怕自己犯错误，这是因为人们惧怕失败，希望自己的一生能够完美无瑕。然而，这是根本不可能的，别说是漫长的人生了，就算是一个东西或者一个人也不可能真正做到十全十美，既然如此，我们又何必奢求人生绝无瑕疵呢？曾经有人说，人生就是不断犯错的过程。这只是表面现象，明智的人除了不断犯错之外，还要会从错误中汲取经验和教训，从而让自己得到提升和完善。这恰恰是一个人不断进步、不断成长的过程，而并非单纯地犯错。这样的成长建立在犯错的基础之上。人非圣贤，孰能无过，新生儿从呱呱坠地开始就以哭声来向这个世界宣告，证明他的到来。在一生之中，每个人都会遭遇很多坎坷的时刻，因为人生从来都不是万事如意的，而且很多时候人们还会遭遇致命的打击。

有些人因为犯错不断地进步，也有些人因为犯错而止步不前。他们在犯过一次错误之后就心生疑虑，宁愿不去做任何事情也不想再次遭受失败的打击，更不想承受错误的代价。然而，这样的人生根本不存在，这样的人也不可能获得任何进步。举例而言，在职场上，一个人如果始终不犯错误，那只能说明他也没有做任何有实质性意义的事情。众所周知，现代职场上最需要的是富有创新力的人。试想，一个想做出创新举动的人，怎么可能不犯错误呢？就像科学家发明新事物，一定要经历无数次的实验和尝试，才有可能让新生事物顺利面世。这种情况下，当然会有错误出现，而且错误次数越多，也就意味着他们距离成功越来越近。伟大的发明家爱迪生在发明灯丝的过程中，曾经无数次遭遇失败，仅仅是灯丝的材料，他就尝试了一千多种，实验的次数更是高达七千多次。在无数次犯错的过程中，就连助手都觉得心灰意冷，爱迪生却鼓励助手：“每次犯错都至少告诉我们哪种材料不适合做灯丝，这样一来我们寻找灯丝的范围就会变小，成功率当然也会大大提高。”不得不说，爱迪生是一个非常坚强、乐观的科学家。面对这么多次的失败，他从未气馁过，而是始终满怀信心和勇气，最终把整个世界都带入了光明。

因为经济不景气，有一家公司准备裁员。这次裁员的规模非常大，每个部门都要裁掉至少三分之一的员工。得到这个消息后，大家全都人心惶惶，纷纷揣测，因为没有人想成为那个倒霉蛋，毕竟在经济萧条的情况下找工作非常艰难。特别是那些在工作上曾经出现错误的人，内心更加惶恐不安，因为他们觉得自己在工作上表现得不那么完美，所以很有可能失去工作。而那些在工作上始终没有任何错误的人则情不自禁地沾沾自喜，他们从未想过自己有可能被裁掉，因为他们认为像自己这么完美的员工正应该是企业所需要的。哪怕企业再怎么裁员，只要想生存下去，就一定会留住他们，让他们成为企业的中坚力量。

经过一个多月的测试和考核，裁员的名单终于公布了，可裁员的真实情况却让大家都大吃一惊。原来，公司要裁掉的并不是那些犯过错误的员工，而是那些从未犯过任何错误的员工。这到底是为什么呢？作为裁员的负责人，陈主任说：“一个人只要用心做事情，想要有所发展和成就，就一定会犯错误，因为创新的过程就是不断犯错的过程。企业现在正处于发展的危急时刻，需要这样有创造性的员工，他们有担当，也愿意为企业做出努力。相反，那些从来没有犯过错误的员工，不一定是因为他们工作能力很强，因为人不是神仙，每个人都会犯错，而这恰恰意味着他们对待工作三心二意，或者根本没有把心思用在工作上，只是当一天和尚撞一天钟而已。”陈主任的一番话惊醒了梦中人，那些犯过错的员工全都长吁一口气，那些没犯过错的员工不由得满面羞愧，因为那恰恰是他们对待工作的真实状态。

一个人如果从来没有犯错误，难道就意味着他的水平很高吗？所谓多做多错，少做少错，不做不错，从未犯错恰恰意味着他们不作为，总是懒政。否则一个真正做实事、坚持做事情的人是不可能不犯任何错误的。常言道，常在河边走，哪有不湿鞋，那么一个人的鞋子如果始终保持干燥，只能说明他从未在河边走过。

这恰恰告诉我们在职场上理想的状态绝不是不求出错，因为一个不求出错的人对自己的要求太低，对待工作的态度也很消极和被动。如今企业的用人标准也有了明显的不同，尤其是事例中陈主任的裁员标准更是让人耳目一新。留下犯错的员工，只要他们犯错的目的是为了让自己有所进步，是为了让企业有所创新，那么他们恰恰能够成为企业的中坚力量，而辞掉那些不求出错的员工，因为他们做人做事的底线太低，他们甚至不求自己在工作中有何成就，而只求明哲保身。这样的员工很难与企业同生存共发展，对于企业的创新也没有任何的推动作用，自然对企业也就失去了存在的意义。

如果说在计划经济时代不犯错的人还能有容身之地，那么在市场经济下不犯错的人很难找到自己的存身之处。这是因为所有人都会犯错，错误是人进步的阶梯，一个人如果永远不犯错，那么他就只能原地踏步，根本不可能有任何进步。任何时候，都不要把不出错和优秀这两个概念混淆，尽管它们从表面看起来很相似，但实际上却有着天壤之别。一个优秀的人绝不是不犯错的人，而一个只以不犯错为做人原则的人绝不可能成就优秀，更不可能让自己出类拔萃。

## 人生成败得失，用从容的心态面对

在人生的道路上，舍弃与得到之间并没有一个衡量标准，二者有可能不断地转换。有的时候，舍弃就是得到，有的时候，得到反而是失去，这是因为每个人对于事情取舍的重点不同，因此他们对于人生的各种状态也希望得到不同的反馈。在生命历程中，要想拥有笃定平和的心，我们一定要更加坚持不懈，勇往直前，才能在人生的道路上获得更好的成长和未来，也才能在进步的过程中让自己的内心更加充实，无所畏惧，全力以赴做好人生中该做的事情。

遗憾的是，现实生活中，有太多的人对于人生有很多的奢望，他们陷入欲望的泥沼之中无法自拔，总是希望自己得到更多，收获更多。殊不知，命运总是公平的，它在给人关闭一扇门的同时，也会给人打开一扇窗。所以，任何时候都不要为打翻的牛奶哭泣，而是要更加关注现在的生活，这样才能更加牢固地把握住生活，也可以让自己的力量完全发挥出来，从而拥有与众不同的精彩人生。

很久以前，有个老翁生活在边塞，边塞上人来人往，因此马匹的生意很好做，因而，老翁专门做马匹生意，人称塞翁。

塞翁不但贩卖马匹，而且自己也养了很多马。有一天，塞翁的马群出去吃草，回来的时候少了一匹马，邻居们听到消息后，纷纷赶来安慰塞翁。塞翁却说："没关系，丢了一匹马，也许是好事情呢！"邻居们暗暗想道："这个老头肯定是因为伤心而麻木了，居然认为失去一匹马都没关系。"在当时，马匹是非常贵重的财产，普通人家里根本买不起马。

没过几天，塞翁丢失的那匹马回来了，而且还带回来一匹马。这匹马是枣红色的，一看就是胡人的高头骏马。看到塞翁平白无故多了一匹马，大家又赶去恭喜塞翁，没想到塞翁丝毫不觉得高兴，反而有些愁眉不展地说："平白无故多了一匹马，并不是一件好事情，反而有可能导致事情变得糟糕呢！"看着塞翁忧愁的样子，邻居们都觉得塞翁是在故弄玄虚，因此对塞翁说："丢了一匹马不伤心，现在得到一匹马还装作不高兴，可真是能装啊！"邻居们都生气地离开了，觉得塞翁不够真诚。

后来，塞翁唯一的儿子骑着胡人的骏马去集市上炫耀，结果马受到惊吓狂奔不止，把小主人从马背上摔下来，导致小主人摔断了腿。邻居们听说塞翁唯一的儿子把腿摔断了，都来安慰塞翁，塞翁却说："摔断了腿，性命保住了，也许是好事情！"大家这次倒没有觉得塞翁是在假装，而是觉得塞翁一定是伤心过度导致头脑不清楚了，全都同情塞翁。然而，过去一段时间之后，胡人入侵，村子里的男性都应征入伍了，塞翁的儿子却因为是个瘸腿而被留了下来。结果，那些年轻人在打仗的时候都不幸去世，而塞翁却可以和儿子相依为命。

塞翁失马，焉知祸福？很多事情仅从表面看，根本不知道到底是好事情还是坏事情，实际上，每件事情都有两面性，既有有利的一面，也有不利的一面，最重要的是要把它一分为二地看待。塞翁看待事情就能够做到一分为二，因此在失去一匹马的时候不觉得悲伤，在得到一匹马时不觉得惊喜，在儿子摔断了腿之后也能冷静面对。最终，事实证明一切正如塞翁所说的，好事有可能转化为坏事，而坏事也有可能转化为好事情。

面对纷繁复杂的世界，面对瞬息万变的一切，我们一定要怀着平常心从容应对，而不要因为小小的得到和失去就斤斤计较，唯有把心态放平，才能更加理性地面对这一切，也才能从容成熟地接纳一切。记住，人生的路从来不会顺遂如意，一个人也不可能只是得到，而从来不失去。只有坦然从容，只有淡定不焦虑，我们才能在人生的道路上获得更多的成长，拥有更多的收获。

## 生活需要热情，哪怕结果很糟糕

即便世界坍塌，仍需要保持泰然的心情。威廉·詹姆斯教授曾说："一个人要乐意接受已经形成的现实情况，因为接受现实是克服接连而来的一切糟糕情况的第一步。"事实上，不仅仅詹姆斯教授这样想，林语堂在自己的畅销书《生活的艺术》中也阐述了同样的观点，他说："心理的宁静来自可以接受困境，因为它可以释放心灵的能力。"

确实，宁静可以释放心灵的能力，只要我们接受了最糟糕的情况，那我们就毫无损失，因为这意味着我们失去的所有都有机会找回来。毋庸置疑，这确实是源于生活的真理。

如何让自己变得成熟？看完这么多故事，想必你已经找到了有效的方法。这个方法有三个步骤：首先，假设事情发展的最糟糕情况；其次，既然事情已经这样，那不如学会接受它；最后，既然接受了，不妨静下心来思考解决问题的有效方法。当然，关键在于，马上行动起来！

生活需要热情，那种平淡无味、死气沉沉的生活给人一种衰亡的感觉。上班族中很多人都是两点一线，朝九晚五，重复着简单无聊的日子。等到有一天突然回头，你会发现自己已过而立之年，却依旧碌碌无为，只懂得生存，不知道何为快乐。

这样的人未免被渲染得太过可悲，但由生存向生活过度，很多人却实实在在用完了一生。这个过程不可谓不漫长，期间的酸甜苦辣，不用深究，其味道已浸染他的生活。

每一天清晨的霞光下，在一个个忙碌的身影中，有你，有我。一天如此，一年如此，一生都会如此。谁对生活拥有热情，更懂得品味和享受，无疑他就更容易寻找到快乐的足迹。

对于一个普通人来说，即便你坚信自己才华横溢，但如果缺乏热情，你也只能停留在表面功夫，做一天和尚撞一天钟，既享受不到工作所带来的乐趣，又不会有任何升迁的机会光顾你。

生活中需要热情，快乐更是由丰富的个性点燃的。当你对生活全身心投入的时候，那份专注的热情会持久地温暖你的心，使你拥有燃烧着的快乐和付出后的满足。

只有金钱才能缔造快乐，这在很多人的观念里已经根深蒂固。对于那些重视物欲享受的人来说，这样的人或许是个不折不扣的傻子，然而这却是一个真真正正会享受快乐的“傻子”，是一个让自己精神快乐的人。他们深深地懂得：在短若朝露的人生岁月里，只有把真实的自我释放出来，才不会白白地、惨惨地辜负自己。

热情是快乐的秘方，是成功的催化剂。黑格尔有句名言：“我们可以肯定地说，世界上的伟大事物都是靠热情来成就的。”一个精神萎靡不振的人绝对不会成为成功的人；一个怨天尤人的人也绝对不会获得快乐的体验。

“问渠哪得清如许？为有源头活水来。”如果你是一潭死水，就只能等着变臭、腐烂、干涸；如果你是一潭充满热情的活水，你就拥有了日新月异的动力，你就有了热情四射的活力，那时，你对快乐的理解和体验将获得前所未有的升华。

# 第七章

# 突破情绪的桎梏，保持理性方能做出最佳抉择

## 情绪管理是做好正确人生选择的第一步

每个人都有情绪，喜、怒、哀、乐是我们生活中的常态，我们不可能完全摆脱情绪，能做的只是认识到自己的情绪，让自己在情绪的世界里活得更好。的确，人感觉到的，就是所拥有的，人感觉到的越多，所拥有的也就越多。生活告诉我们，拥有好情绪，就是胜利的保证。做人乐观、积极，我们就能朝着胜利的方向迈进。每个人今天的命运状况，或许都是自己昨天不一样情绪导致的结果。因此，我们任何一个人，都要学会解读人生密码，才能认清人生方向，才能朝着这一方向大步迈进。

有这样一个求职故事：

凯恩在一家汽车修理厂工作，他做这行已经五年了，尽管生活过得马马虎虎，但他觉得自己不能一直这样下去，他也想成功。正巧，最近他看到报纸上刊登了一则招聘启事：某汽车公司高薪聘请修理部经理，凯恩很想去试试。

这天晚上，他早早地上床睡觉了，但也不知道怎么回事，他莫名地烦躁，翻来覆去睡不着。于是，他干脆爬起来，他想了很多：是啊，自己现在已经快三十岁了，为什么一事无成呢？和自己一起毕业的那些同学们，要么有固定工作、幸福的家，要么已经住豪宅、开名车，并且，大学时代，另外三个舍友都曾经当过自己的老板。他扪心自问：与这三个人相比，除了工作以外，自己还有什么地方不如他们呢？其实，他们实在不比自己高明多少。

经过长时间的反思，他终于找到了问题的症结——自己性格情绪的缺陷。在这方面，他不得不承认自己比他们差了一大截。时间过得很快，到了深夜两点的时候，他依然毫无睡意，因为他真的清醒了，他第一次看清了自己，发现过去很多时候自己都不能控制自己的情绪。

于是，他下定决心，一定要改变自我，要保持一个积极向上的心态，一定要完善自己的情绪和性格，弥补自己在这方面的不足。

第二天早上，尽管他没睡好，但依然满怀自信地前去面试，令他惊奇的是，他顺利地被录用了。

故事中的主人公凯恩之所以能得到那份工作，与前一晚的感悟以及重新树立起的那份自信不无关系。看了这个故事，你的内心是否也会有所触动呢？

的确，情绪对我们的生活和命运有着决定性的影响。积极的情绪会引导我们以正确、恰当的方法做人做事，引导我们成功，而相反，在消极情绪的引导下，我们也可能会做错事而追悔莫及。实际上，我们都清楚一点，这个世界上，成功者毕竟是少数，成功者潇洒走于世，失败者颓废不堪，而我们可能忽略的一点是，成功者之所以成功，失败者之所以失败，不仅与他们的能力有一定的关系，更为重要的是，他们是否有一个健康的心态。有时候，你以为成功的大门已经关闭，但若积极进取的话，你会发现，其实另外一扇窗已经为你打开。

在我们的人生道路上，个人能力固然在很大程度上影响着我们前进的步伐和速度，但起到决定性作用的，是我们对于自我情绪的良好控制力。在这个压力空前的社会，保持健康的情绪，是令我们走向康庄大道的关键。

## 消解心中的闷气，要化闷气于无形

闷气积压在心中久了，就像等待迸发的岩浆，从里到外都是滚烫的，很容易伤害到他人。在生活中，若不及时消除心中的闷气，将会对自己和他人造成巨大的伤害，尤其是对某个人形成的闷气。或许，我们常常看不惯某个人的习惯，讨厌某个人的说话以及行为方式，而且，出于颜面或自尊没有办法向对方说明，但是，我们却不能制止心中那股“闷气”的不断滋长，直至最终崩溃。事实上，每个人都欢迎不同的意见，相比较而言，他们更不喜欢不声不响就生自己气的人。所以，如果你对某个人生了“闷气”，不要放在心里，试着用委婉的方式表达，化“闷气”于无形，才能更好地解决问题。

传统的中国人似乎更倾向于生闷气，他们更容易被消极情绪影响，愤怒的情绪就像洪水一样，堵不如疏。心中有了闷气，我们就要想办法疏通，学会自我调节，生气时寻找合适的渠道，适当地表达自己的真实感受。否则，只生闷气会影响彼此之间的感情。有时候，两个人之间生闷气，刚开始时可能大多是不满情绪或愤怒的“小气”，但是，由于郁积在心中的矛盾一直没能得到解决，相互之间的关系越来越恶劣，结果矛盾更加严重。“小气”逐渐滋长为“大气”，甚至会引发一系列悲剧。

去年，王先生举家搬到了繁华的深圳市区，原以为以后的日子会越过越好，但是，没想到由于孩子的教育问题，他时常与爱人发生矛盾，两人关系日益恶化。王先生性格比较内向，不善言辞，每次吵架都说不过能说会道的爱人，因此，每次吵架之后，他就一个人到卫生间生闷气。

那天，王先生在家里等着儿子回家，等了很久还是不见回来，生气的王先生开始不由自主地埋怨爱人：“看天这么晚了，孩子还没回家，都是你惯出来的。”爱人当仁不让，两人又吵了起来，不一会儿，从网吧回到家的儿子看见爸妈正吵得不可开交，索性躲进屋里玩电脑。吵了半天，两人都疲倦了，爱人不再搭理王先生，到了卧室躺在床上睡觉，王先生的气还没有消，他把自己关进厕所里闷头抽烟。他一边抽烟，一边思索，越想越生气，心中的怒气像快要喷出的岩浆，阻拦不住。

过了几个小时，王先生突然从厕所里出来，气愤地大吼：“这日子没法过了，还不如一把火烧了干净。”说完，王先生就摔门而去，过了好一阵子，他回来了，手中提着沉甸甸的汽油，吓得爱人、孩子夺门而逃。这时，家中已是浓烟滚滚，王先生站在屋门口放声痛哭了起来。

王先生对爱人有相当深的“闷气”，但是，他并没有委婉地表达自己的意见，反而和爱人短兵相接，导致两人的矛盾越来越严重，直至最后点燃了自己心中长久以来的“闷气”，“原子弹”终于爆发了，造成了悲惨的结局。其实，生闷气不仅不能解决问题，反而会招致更严重的后果，特别是在夫妻之间，更是如此。夫妻如果有什么矛盾，可以敞开心胸，吐露自己的真实想法，如果对方有某些行为让自己生气，我们也可以委婉地向对方表明，这样一来，矛盾弱化了，心中的闷气自然也就消释了。

老伯的老伴前不久去世了，他常常一个人闷闷地坐在那里，眉头紧蹙着，似乎总是在生气。如果有人跟他打招呼，他也会报以一个微笑，接着，就会打开话匣子，开始说起自己的儿子、女儿、媳妇的种种不是。那些抱怨的话别人是不能接口的，只能静静地听，大家都感觉到这是一个难相处的老人家。

有一次，老伯正在进行冗长的抱怨，旁人问道：“你有没有跟儿女讲过你的这些不满呢？”老伯愣了一下，大声说道：“这还要跟他们讲吗？他们是做子女的，自己当然要知道父母的不满啊！只有那些不孝顺的，才需要我讲。”旁人呆住了，老伯接着说：“他们要是没顺我的意思，我就不跟他们讲话，叫我爸爸，我也不搭理，这样一来，他们就会怕我，就不会不孝顺我。如果不怕我，就会不孝顺我，就会放我一个人自己住，那时，我就可怜了。”说着，老伯似乎露出来一丝微笑：“现在，我已经三天都不理他们了，媳妇叫我，比平时更多遍了。”

这的确是一个喜欢生“闷气”的老伯，在他那固执而又蛮横的逻辑里，似乎总是自己在跟自己生气。或许，老伯没有赢得预期的对待，就学会用自己的情绪去勒索他人了，事实上，这是一种极为不恰当的做法，生闷气只会把自己推向孤立无援的境地。如果这位老伯能够委婉地说出自己的情绪和想法，对儿子、媳妇与女儿表达关心，那么，一家人是可以和睦而温馨地相处的。试着放下自己对他人的“闷气”，如果自己心中真的有什么想法，就委婉地告诉对方，将自己的情绪反应如实地告知对方，这样对方才能清楚地知道你到底为什么而生气。而且，这样既可以解决与他人之间的问题，还可以消解心中的闷气，化闷气于无形，使自己的情绪回归平静。

## 别太敏感，烦恼真的是自己寻来的

人会思考，思考让人的大脑充满更多的智慧。可是思考太多，想太多的话又会导致心理问题。很多时候，有的人会因为别人无意间的一句话，一个神态，如翻江倒海般纠结、怀疑、想象……把自己折腾得缺乏理性，变得愚钝，以至于疑神疑鬼。比如，你的主管交给你一个任务，就随意说了一句“别忘记了周二下午交给我”。但是，这时候你就开始浮想联翩了：“这句话是什么意思？他不相信我吗？他以为我是不按时完成任务需要叮嘱才可以吗？……”心里总是在纠结这句话是什么意思。其实，总是担心一些没有的事，从而让自己变得焦虑不堪，心里乱糟糟的，这就是想太多导致的焦虑问题。

关于烦恼的来源问题也引起了心理学家的广泛关注，他们曾做过这样一个实验：他们安排参与实验的人们在周末将自己接下来这一周的烦忧与苦恼写在纸条上面，并写上自己的名字，然后将纸条投入“烦恼箱”。一周之后，心理学家打开了这个箱子，将所有的“烦恼”还给其所属的主人，并让志愿者们逐一核对自己的烦恼是否真的发生了。结果发现，其中90%的“烦恼”并未真正发生。紧接着，再让这些人把上周真正出现过的烦闷的事情写下来，再次放进“烦恼箱”。三周之后，心理学家再次把箱子打开，让志愿者重新核对自己写下的烦恼，这次，绝大多数人都表示，自己已经不再为三周以前的“烦恼”而烦恼了。

其实，我们何尝不是呢？生活中，我们总是刻意夸大一些事情，遇到麻烦总觉得大过了天，其实只要耐心去处理，都是一些纸老虎罢了。所以，烦恼真的是自己寻来的。

罗曼还是学生的时候，就常常因为晚上睡不着觉而忧虑，她尝试了很多种办法，也咨询了医生，但依然会失眠，每天晚上都辗转反侧，难以入睡。但是后来，罗曼发现，即使自己每晚睡很短的时间，第二天也依旧会精力充沛。于是，她开始思考是不是不用再强迫自己晚上必须要和别人一样早早入睡。她开始用晚上的时间学习、读书。结果出人意料，她不但没有因为睡眠不足而精神不振，反而通过对晚上时间的合理利用，轻松地取得了物理学博士学位。

当人们好奇地问她长期失眠，身体是否出现什么不适的时候，她平静地回答说：“我一直都很好，精力充沛，全身心地生活和工作，从来没有为此事担忧过。”

在罗曼的一生中，她的睡眠时间比正常人少很多，但是从来没有影响过她的生活和工作，她一直活到81岁。假如她整天为失眠而忧虑，那她的寿命肯定不会这么长。正因为她知道自己精力充沛，不需要太多的睡眠，才能如此快乐地生活。

没有的事情你非要去想，未知的事情你非要提前去担忧，这不是作茧自缚，自我折磨吗？想得太多，心里堆积的事情太多，那么久而久之，你就会变得焦虑烦躁，身心也会受到极大的影响。所以说，不要想那些有的没的，给自己徒增烦恼了。快乐是自己创造的，烦恼也是自己找来的，过好当下的生活，尽力把自己的每天都过得充实，每一件事都努力做得更好，那就足矣。

我们每天忙碌自己的生活中的事已经够累的了，如果还要想些乱七八糟的，那还怎么休息呢？所以说，别太敏感，放轻松吧。

1.认真对待生活

人活一世，一定要开心，如果连开心都没有，那么人生又有何意义呢？很多人总是抱怨生活不易，其实我们应该明白我们当下拥有的是很多人所羡慕的。并不是每个人都能成功，只要你努力对待每件事情，只要你认真对待每一天，不管你的人生怎么样，我相信都是精彩的。加油吧！

2.倾诉与发泄

如果一直压抑着自己，会对自己的身心健康造成很大的影响，因此要懂得倾诉和发泄情绪。倾诉对象可以是朋友，也可以是亲人，我们要从他们那里寻求看法，以疏散郁闷情绪。还可以自我放松，多参加休闲运动。另外，积极参加集体活动，搞好人际关系，你会发觉你的每一天都是快乐的。

## 卸下压力，化解心中的坏情绪

一位公司白领这样说："最近工作压力大，感觉自己脾气也越来越大，老想发火，尤其是每天回家坐地铁，十分拥挤，每次都会与站在身边的人发生冲突，我也不想这样，但是，那些怒气就是忍不住往外蹿。"在日常生活中，我们常常发现一些容易生气的人：有为生计奔波的小贩，高企工作的白领精英，女老板，等等。可能，从表面上看，他们似乎并没有共同点，但是，我们仔细观察，就会发现，在他们身上有一个显著的特点：压力比较大。无论是生存压力，还是工作压力，对一个人的情绪都有着重要影响，一旦压力来袭，情绪就会恶劣，容易生气、烦躁，似乎看什么事情都不顺眼。而当内心的情绪积压过久，就会总想痛快地发泄一番。因此，那些给自己压力越多的人，心中的怨气往往越多。

据一项社会调查发现，那些生活、工作条件良好、受过较高程度教育的城里人，他们对生活的满意度远远不如农村人，来自生活和工作的压力让他们的生活质量大打折扣。近些年来，城市人的脾气似乎越来越大，他们自己则常常感觉到紧张、焦虑、容易愤怒，甚至在悲观时有自杀解脱压力的念头。调查显示，同农村人相比，城里人工作的体力强度、时间都少于农村人，而且更注重健康的生活方式，但是，城里人的精神状况却显著差于农村人。同时，在调查中，个人工作稳定、收入有保障被列为城里人平日最关心的问题，对工作的极度关注使得许多城里人明显觉得工作压力影响到了个人健康。另外，城市的快速发展和工作的快节奏让许多城里人觉得自己似乎有点力不从心，60%左右的城里人对自己的工作状况并不满意，而且，来自家庭以及婚姻的压力也会让他们感到焦头烂额。

最近，小月代表公司接待了一个大客户，第一次见面会谈，小月就感觉这个客户太挑剔，不仅要求策划案完全按照他们的思路进行，而且严格要求了每一个细节。回到公司，小月忍不住向老板抱怨："这个客户太挑剔了，一个企划案竟有那么多的要求。"老板收起了笑容，板着脸说："小月，你总是嫌这个客户不行，那个客户不行，这怎么能谈成业务？这一次，你务必要拿下这个大客户，否则，你就直接到销售部报到吧。”说完，老板就头也不回地走了，剩下满脸苦恼的小月。

按照客户的要求，小月拟写了企划案，而且亲自检查了三遍，然后再交给客户，谁料，在会谈中，客户表示：“这里还有几个小问题，你需要改改，为了美观，你最好重新写一份。”小月呆住了，重新写一份，之前自己可是花了一个星期，客户似乎看出了小月的心思：“不好意思，不过，我们可以宽限时间，再等你一个星期。”告别了客户，小月几乎是一路发飙回来的。打车的时候，因为司机没有听清小月报的地址，小月十分生气：“你的耳朵干什么用的？老娘今天真是倒霉，遇到你这样一个傻傻的司机。”司机没有吱声，似乎对这样的乘客已经习惯了。进入公司大楼前，门口的保安多看了小月一眼，小月也毫不客气地说：“看什么看，不认识啊。”小月感到心中有个东西在不断膨胀，眼看就要爆炸了。

每天，我们都面临了诸多压力，有可能是事业不顺而造成的工作压力，有可能是感情不顺而造成的感情压力，还有可能家庭不和谐造成的家庭压力，心理学家把这些压力统称为“社会压力”。社会压力直接转换成心理压力、思想负担，久而久之，就会成为心结。如果这种压力长久以来得不到有效释放，就会越积越多，并产生出巨大的能量，最终它就会像一座火山一样爆发，导致的结果是，人们的情绪大变，总感觉自己活得太累，每天都不开心，脾气越来越坏，严重者甚至精神崩溃，做出傻事。面对巨大的压力，最重要的是自我调节、自我释放，当然，有合理而适度的压力，不但不是一件坏事，反而是一件好事。对于我们来说，应该像高压锅一样，当压力不够时就聚集压力，让压力变成“煮饭”的动力；当压力过高时，就自动释放，这样压力就不会对我们造成伤害。那么，如何来缓解压力呢?

1.养成良好的作息习惯，营造良好的睡眠环境

在平日生活中，我们需要养成按时入睡和起床的良好习惯，稳定的睡眠，可以避免引起大脑皮层细胞的过度疲劳；注意调节卧室里的温度，睡眠环境的温度要适中；在卧室内可以使用一些温和的色彩搭配，这样，我们在一个良好的环境中自然能够放松心情，顺利进入睡眠，并保证良好的睡眠质量。

2.放松精神，舒缓压力

我们需要缓解自身的压力，比如，在睡前可以进行适量的运动，听听音乐，或者是进行头部按摩运动来缓解压力；也可以进行短距离的散步。可以在睡觉前播放一些轻柔的乐曲，在入睡前按摩头部、面部、耳后、脖子等部位，这样可以使身心都放松下来，舒缓白天的社会压力。

3.给自己的压力要适当

心理学家建议：适当的压力有助于我们激发更强的斗志，但是，正如任何事情都有一定的度，压力过大就会影响到正常

的情绪。因此，在日常生活中，我们要给自己适当的压力，只要不是太糟糕的事情，我们应该学会忘记，这样一来，那些琐碎的小事就影响不到我们了。

从言语、行为上去训斥别人，最后会使人际关系越来越差。理解对方的心境，哪怕只是一句安慰的话，对方也能感到你莫大的宽容。在平时我们习惯责骂他人的错误，尤其是当对方的错误对我们的生活产生不利影响时，我们的情绪会失控，当怨恨之情占据我们的心灵，责骂就会随之而来。但是，你仔细想想，责骂他人除了让我们的情绪变得更加恶劣以外，同时还会深深地伤害对方，导致在双方关系里留下难以愈合的疤痕。

王先生是一位试飞员，他常常在航空展览中做飞行表演。有一次，他在北京航空展览中表演完毕后飞回广州。飞行途中，在三百米的高度，飞机的两个引擎突然熄火了。由于王先生技术熟练，他操纵了飞机着陆，虽然飞机严重损坏，但幸运的是没有人受伤。

在飞机迫降之后，王先生的第一件事就是检查飞机的燃料，正如他所预料的，他驾驶的螺旋桨飞机，装的竟然是喷气机燃料而不是汽油。回到机场以后，王先生要求见为自己保养飞机的机械师。那位年轻的机械师为自己所犯的错误感到十分难过。当王先生走向他的时候，年轻机械师羞愧得泪流满面，自己造成一架非常昂贵的飞机的损失，差一点还使三个人失去了生命。

王先生十分生气，但在看到年轻机械师的那一瞬间，他改变了主意，心想：这位年轻的机械师在过去的工作中是多么认真啊，他的前途是不可估量的，如果仅仅因为这次小失误就责骂他，有可能会对他的一生造成难以弥补的影响。

于是，王先生并没有责骂那位机械师，也没有批评他，相反，他用手臂抱住了那个机械师的肩膀，对他说："为了表示我相信你不会再犯错误，我要你明天再为我保养飞机。"在生气的一刹那，王先生首先想到的并不是自己，而是理解年轻机械师的心境，从而有效地控制了自己的情绪。

在现实生活中，有的人太过于自我，他们总是想到自己的利益受了损失，哪怕对方只犯了一点点小小的错误，他们也抓着不放。而习惯于为他人着想的人，总是能够理解他人的心境，认为这或许不是对方的本意，或者只是对方一不小心犯下的错误。在日常生活中，如果自己遭到别人的伤害，心中对他人充满了憎恨之情，不妨做一次换位思考，假如自己处在这样一种情况，会怎样呢？

当你身边的朋友或者与自己熟悉的人伤害了你时，你应该想想他平日在工作或生活中对你的帮助和关怀，理解对方的心情，以及他对你的一切好。这样，心中的怒火、怨气就会消失不见，就能以坦然的态度去谅解别人的过错或消除彼此之间的误会。其实，理解对方的心情，对我们自己也是有益处的，因为在这一过程中，我们掌控了自己的情绪，做了情绪真正的主人。

## 事事随喜，快乐就是生活常态

一个人心灵的宁静越是不为恐惧所侵扰，就越不可能为欲望和期待所束缚。有时候，最不容易管住的是我们的心，今天要求这样，明天希望那样，总是翻来覆去，心猿意马。浮躁的心总也看不开人生的种种，看不开灯红酒绿，看不开金钱、权利、欲望，所以他才会感觉到人生烦恼多。正所谓“心静自然凉”，当我们把心静下来之后，再回过头来看这个世界，是否会觉得烦恼丛生呢？有时候，不是因为看不开，而是因为没办法静下心来。

在生活中，我们因看不开而产生的烦恼、痛苦、绝望、发怒或者从容、自在、快乐的感觉，都源于我们内心。就好像少年专注时会有一只大蜘蛛不请自来对你进行骚扰一样，浮躁的心，往往会对我们的情绪产生影响，或悲或喜，或烦恼或自在，或绝望或希望。

好一句“随喜”，因为怀着一颗淡泊明志的心，所以才会事事“随喜”，凡事都看得开。心静下来，看什么都是没关系的，“随时”“随性”“随遇”“随缘”“随喜”，人生似乎就是这样，假如每每失去了或得到了什么，都抱着很浮躁的心态去对待，那万事万物，千头万绪，我们是再也理不清、剪不断的。人生需要“随喜”的心态，把心静下来，处处随喜，生活自然一片美好。

人生总充满着不如意的事情，而佛法告诉我们，生命的无常无法回避，我们应该把心静下来，面对它、认识它、超越它、看开它。或许，许多对佛法陌生的人认为佛教是消极的，其实不然，佛教认为苦是一种客观存在。

世间的一切都有生住异灭的过程，生老病死、春夏秋冬，只要我们怀着一颗平静的心看待，那一切都是可以看得开的。当自己被一颗浮躁的心围绕，那我们看什么都是烦恼，什么都看不开。心若静下来，我们自然会看到生活中的许多美好，心情也一下子豁然开朗。

幸福是一种美好的感觉或享受，而痛苦则是人主观感受上的折磨。人的天性往往是努力追求幸福，而避免痛苦。然而，上帝总是成双成对地创造一切，它让幸福与痛苦也成为了形影不离的好朋友，于是，幸福与痛苦之间形成了一种微妙的关系。

每个人从主观上讲，都希望获得幸福而避免痛苦，但是，幸福的降临往往有痛苦的伴随，如此诞生的幸福滋味是令人难忘的。

试想，如果你总是轻而易举地赢得幸福，你会体会到真切的幸福吗？所以，痛苦是幸福的代价，痛苦成为了进入幸福之门的钥匙，而且，在痛苦的穿插之后，我们的心会变得更加快乐。

霍金先生在轮椅上度过了他人生的大部分时间，他用自己的智慧乐观为自己的人生赢得了前后两位妻子，他用自己的坚强写下了许多不朽的物理著作。病魔困住了他的躯体，却并没有困住他自由伟大的灵魂。他并非从来没有为失去感到过痛苦折磨，只是他更看重自己拥有的，更重视快乐，所以，他才有更卓越的人生。

痛苦常常来得无声无息，它考验你的毅力与坚韧，假如我们能顽强地与之抗争，逃离痛苦的阴影，重新给心以幸福的方向，那么，在痛苦之后，内心会更显幸福的光芒。痛苦并不可怕，只要内心能够找到快乐的方向，幸福的钟声一定会被敲响。

总是有人问本·沙哈尔："你能帮我消除痛苦吗？"本·沙哈尔却感到不解，为什么要用这种态度来对待痛苦？他这样说道："痛苦，也是我们的人生经验，会让我们从中学到很多，人生的成长和飞跃，经常发生在你觉得非常痛苦的时刻。”当某些人觉得幸福的滋味太过于平淡，那么，在痛苦的偶尔穿插中，你是否感到幸福的心会更加快乐呢？

毫无疑问，幸福与痛苦就是上帝创造的一对双胞胎，它们无时无刻不游离在我们左右。幸福与痛苦来自同一源泉——比较，不论一个人的客观条件有多好，当他与那些条件更好的人相比，就会产生痛苦；相反，不论一个人的客观条件有多坏，当他与那些条件更坏的人相比，就会感到幸福。

即使我们不与他人相比较，有时候也会与自己相比：假如现在比过去好，我们就会感到幸福；假如过去比现在好，我们就会感到痛苦。当然，无论是幸福还是痛苦，我们都可以有所选择，主要取决于你的心态。当痛苦来临的时候，所有的事情都很糟糕，但是你依然看到了事情美好的一面，那幸福将战胜痛苦。

真实的幸福是痛苦与痛苦之间的间隙。我们总是渴望着快乐，但这样却只会带来失望与不满，最终导致内心负面情绪的产生。一个幸福的人，并不是拒绝痛苦的人，他也会有情绪上的起伏，但整体上能够保持一种积极的心理。由于经常被积极的心理引导，我们感染了快乐与幸福，并很少被负面情绪困扰。所以，在人生漫漫途中，快乐是常态，痛苦只是小插曲。

## 冲动是魔鬼，不要随意发脾气

现实生活中，有很多所谓的淑女和绅士，他们看起来光鲜亮丽，文质彬彬，淑女非常温柔，绅士非常礼貌，但是一旦受到坏情绪的影响，他们马上就会改变模样。淑女也许瞬间会变成泼妇，绅士也许瞬间会变成莽汉。这都是人们因为愤怒而昏头涨脑，歇斯底里。在坏脾气的驱使下，人们很容易失去理智，也许会因为一时冲动，做出让自己万分后悔的事情。遗憾的是，这个世界上却没有卖后悔药的。一旦事情真的发生，人们就算多么懊恼，也无法改变成为历史的事实，只能沉浸在挥之不去的情绪中，独自懊丧。

难道大家在发脾气之前，不知道冲动的恶果吗？当然不是。人人都知道“冲动是魔鬼”，也知道愤怒会使人丧失理智，做出追悔莫及的事情，然而人是感性的动物，很容易因为情绪激动和情感波动，做出不计后果的事情。由此一来，真正能够控制自身坏脾气，让自己始终保持理智，免遭“魔鬼”折磨的人非常少。大多数人一边喊着“冲动是魔鬼”的口号，一边因为生活中不值一提的小事就放任自己的情绪，使自己成为坏脾气的奴隶。

毋庸置疑的是，生活不是一帆风顺的，每个人在生活之中都难免会遇到各种不如意的事情，甚至是遭遇他人有心或者无意的伤害。在这种情况下，我们如果不能很好地控制自己的坏脾气，导致冲动的魔鬼扼住我们命运的咽喉，我们的人生就会发生翻天覆地、难以逆转的恶劣变化。到时候，只怕我们悔之晚矣。

西方社会有句谚语，意思是，上帝如果想要彻底毁灭一个人，一定会先使这个人丧失理智，变得疯狂。从这句话来看，很多人都知道冲动的恶劣后果，不管是在我们国家，还是在西方国家。当然，凡事都要防患于未然，才能起到良好的效果。因此，我们也必须积极主动地调整自己的心态，控制自己的怒气，才能避免被愤怒冲昏头脑，被冲动的魔鬼死死抓住。人人都想成为自身的主宰，殊不知，唯有控制自己的愤怒，成为情绪的主宰，控制自己的脾气，我们才算是真正成为自己的主人。

很久以前，有个男孩脾气暴躁，动不动就发怒。有一天，父亲拿了一大包钉子给男孩，让他每次发怒之后就在卧室中的木质衣柜上钉一颗钉子。第一天，小男孩居然在衣柜上钉了三十多颗钉子，看着触目惊心的衣柜，他不由得感到很懊丧。几天之后，随着衣柜上的钉子越来越多，男孩意识到自己要想保留衣柜的完整，就必须控制怒气。为此，他开始有意识地控制自己的愤怒，果不其然，几个星期过去了，他每天钉在衣柜上的钉子都在减少。最终，男孩发现和在衣柜上钉钉子相比，自己更应该控制愤怒。日久天长，他居然不再随便乱发脾气了。见此情形，父亲对他说："假如你能一天不发脾气，就可以拔掉衣柜上的一颗钉子。"男孩花费了相当于钉钉子几倍的时间，终于把衣柜上的所有钉子都拔掉了。

这时，父亲指着千疮百孔的衣柜语重心长地对男孩说："孩子，看看吧，就算你不再发脾气，而且拔掉了钉子，这些钉子的痕迹也会永远留在衣柜上。这千疮百孔的衣柜，就像是受到伤害的人的心，伤痕累累。"男孩听了父亲的话，重重地点了点头。

每个人都有自己的脾气秉性，也有自己的性格和情绪，在遇到不愉快的事情时，人们难免会发脾气。然而，我们必须更好地控制自己的脾气，才能让自己成为平和的人，也才能处处受到欢迎。

发脾气之前，就像开车遇到红绿灯一样，先想一想后果，所谓"宁停三分不抢一秒"，这样才能想清楚后果，从而避免自己因为冲动做出追悔莫及的事情。

人的愤怒都是有时效的，时间是最好的良药。在愤怒的时候，如果一时之间不知道如何开解自己，不如采取转移注意力的方法，这样就可以让时间冲淡愤怒。

所谓宰相肚里能撑船，我们很多时候之所以怒火中烧，并非真的是因为别人的错误，而只是因为我们的心胸过于狭隘。

一个人要想变得心平气和，既然无法改变别人，就要从改变自己开始，让自己心胸开阔，有容乃大。

忍字头上一把刀，提升自己的忍耐力，也是很有必要的。毕竟人生不如意十之八九，我们不可能处处如意，处处都能随心所欲。只有合理自制，我们才能拥有更加从容的人生。

# 第八章

## 选择你的态度，获得良性人际关系

## 懂得给他人留有余地，是为自己的将来多留条路

在与他人相处的过程中，一定不能将事情做绝，你要清楚，你还年轻，以后还有很长的路要走，把事情做得太绝，无疑是断了自己的后路。懂得给他人留有余地，不只是放他人一马，更是为自己的将来多留条路。不把事情做绝，不把话说满，是年轻人必须懂得的与人交际之道。

步入社会的年轻人在与人交往的过程中，一定要注意给别人留余地、留面子。有位哲人说："不要把痰吐在井里，哪天你口渴的时候，也要来井边喝水的。"这就是让人们不要把事做绝，不要把话说满，懂得给别人留点余地，方能让自己从容转圜。如果你此刻不给别人留余地，当你困窘的时候，就要小心别人不给你留余地。久历江湖、人情练达的人都知道，不要把对手逼到绝地，否则迟早有一天，你也会被逼到悬崖边上。说话做事不给别人留有余地，也就是不给自己留有余地。

那么，对于年轻人来讲，如何才能给他人留有余地呢？

交往说话的时候，要多地使用模糊语言，才能够不给别人攻击的空间。如果话说得太满，就不免被人有机可乘。最著名的就是“自相矛盾”的例子。卖兵器的人说：“我的矛是世界上最尖锐的，什么盾都能攻破。我的盾是世界上最坚固的，什么矛都戳不穿。”他的话被别人抓住了把柄：“以子之矛，攻子之盾呢？”最后搞得这个卖兵器的人满面通红，好不尴尬。如果他说话不是那么满，就会有回旋的余地，也不至于到最后自己下不来台。所以，许多名人在面对记者的询问时，都爱用这些字眼，如可能、尽量、或许、研究、考虑、评估、征询各方意见……这些都不是肯定的字眼。他们之所以如此，就是为了留一点儿空间好容纳“意外”；否则一下子把话说死了，结果事与愿违，那不是很尴尬吗？与人交往时，最好用“我试试”“我尽量”这些可以随机应变的、有余地的语言，否则就会让人觉得你不可靠，给别人留下说大话、不守诺言的不良印象。

有一匹马挣脱了缰绳，吃了菜园中的菜。主人为了惩罚它，把它鞭打了一顿，鞭打得血迹斑斑，马跪下来向主人求情。但是主人并没有停下手中的鞭子，直到这匹马变得气息奄奄才停下来。午夜的时候，睡梦中的主人被惊醒了，原来是那匹马恢复了体力，咬断了缰绳，最终闯入主人的卧室，咬断了主人的脖子。主人也拔下挂在墙上的长剑，刺入了马的胸膛。

不给对方留余地的一人一马，最终两败俱伤。

如果当初主人在盛怒之下，留点余地，饶恕那匹马，马就不会报复他；如果马匹不报复主人，而是偷偷地走掉，最后也就不会丧命。

当然，给别人留余地就是无论在什么情况下，都不能直接地把他人推向风口浪尖，万不可置人于死地，否则别人就会做出极端的反抗，这对双方都没有好处。事事给别人留一点余地，也就是给自己留下了生存的缝隙。凡事总有意外，留有余地，就是为了容纳这些意外。现今社会更是如此，“十年河东，十年河西”，你在今天把别人逼得走投无路，就要小心有一天位置交换，对方会把你逼得走投无路。如果杯子没有空间，加入水就会溢出来；如果气球没有空间，就会爆炸。人只有说话做事留有余地，才不会由于意外而下不来台。留有空间，留有余地，一个人才能从容转身，使自己不至于陷入绝境。有进有退，收放自如，才能更机动灵活地处理和解决更复杂的问题。

给他人留有余地这个道理，是人际交往中非常重要的一点。给他人留有余地，留下退路，就是给自己的未来留下后路。

# 想要他人信任自己，先要学会信任他人

诚信，是人与人交往的必要前提。我们要学会信任他人，这个信任自然不能是盲目地信任。信任是讲诚信的表现，是我们对自己信誉的要求。如果想要他人信任自己，那么，就要求我们先学会信任别人，这样我们才能在交往中赢得他人的欢迎。

盲目地信任他人很容易受骗，对于那些来历不明的陌生人，我们更要保持警惕，但是对于我们身边的熟人，选择信任他们会让他们感激。在这个信任危机的时代，任何一种盲目的信任都要付出代价，而任何一种对于交往对象的猜疑，都会使人受到伤害。我们有辨别是非的能力，就要睁大双眼，辨别那些值得我们信任的人，给他们以安全感和可靠感。信任他们，认可他们，才会得到他们的赞同。尔虞我诈的欺骗和虚伪的敷衍是对人际关系的亵渎，任何人都不会无缘无故地喜欢、认同一个人，他们的喜欢、认同都是建立在我们对其的信任、认同之上的。所以，真诚地对待一个人、相信一个人，才可以让别人产生敬佩、赞同的感情。

当然，和信任截然相反的是多疑和猜忌，很多人都有猜忌他人的坏习惯，这固然与一个人的心胸有关，同时也是一个人不自信的表现，一个喜欢猜忌他人的人，通常有着很深的自卑心理，导致他不能客观地对待别人，总是以先入为主的偏见对待他人。

有个人丢失了一把斧子，他怀疑是邻居偷了，因此留心观察邻居的所作所为，觉得邻居走路、说话、神态都像是偷了他的斧子，他肯定邻居就是那个小偷。不久，他在自家的地里找到了斧子，再观察邻居，这时觉得他说话、走路、神态全然不像小偷的样子了。

同样的一个人，只是因为你看他的心理发生了变化，才会对这个人有不一样的结论。猜忌正是一种主观想象和推测，不以事实为根据。你有没有遇到过类似的情况？总以为谁在背后说你的坏话，总以为别人聚在一起是在取笑你，总以为有人在你背后陷害你，结果事实上根本没有那回事。事实上，每个人都有猜忌多疑的一面，越是遇到和自己亲密的人或者和自己敌对的人，猜忌心理越是严重。

《红楼梦》中的林黛玉便是非常爱猜疑的人，史湘云不过说了一句她像戏子，她就大哭大闹，认为湘云看不起她。薛宝钗不过劝贾宝玉酒要温过再喝，她就怀疑薛宝钗喜欢她的宝哥哥，结果草木皆兵，到处树敌，动不动就流泪伤情，被人看做小心眼的人。虽然谨慎行事是很有必要的，但是谨慎不能和猜疑画等号。猜疑只会让我们一事无成，只有真诚地信任他人，才可以让你的人际关系更加和谐。

信任他人能看出一个人的品质、一个人的修养，它就像你的一个习惯，能帮你提升礼仪，提高教养，戒掉猜疑别人的毛病，相信他人的善意会让你更从容。任何人际关系都是建立在相互往来的基础之上的，如果你不信任别人，猜忌别人，就很可能招来别人的怀疑。想要信任一个人，首先要从相信他所说的话开始。如果你觉得他说话谨慎，不夸口、不张扬，这样的人一定值得你信任。相反，通常说得天花乱坠的人，他的话的可信度就要打个折扣。人们对一个人的信任，通常有一个循序渐进的过程。首先是相信他的话语、态度，然后相信他的能力，最后相信他的人品。

信任他人，就是信任自己的眼光，而怀疑别人也是对自己的眼光和生活态度审视、怀疑的过程。相信别人就要相信他的能力，一个人的能力得到你的认同和信任时，他就会把你当作知遇之人。给一个年轻人一项大任，他通常会赋予100%的热情与精力而不求任何回报地完成它。在语言上表示对他人的认同，不如以实际行动来表达更好。面对他人的请求，迟疑的态度无疑会刺伤对方的自尊心，绝对的信任才会激发一个人的热情。

我们在与人交往的过程中，要用善意的眼光看待他人，不要因为一些小事就对对方起了猜疑之心。善良、公正的人才会赢得他人的好感。信任是种礼貌，是种尊重，它会对你今后的人生发展有重要的帮助。

## 心平气和，不要为自己树敌

我们都知道要想在社会中站稳脚跟就不能让自己四处树敌，与其多个敌人，不如多个朋友，这个道理我想每个人都了解。为此我们就要避免因为自身的原因给自己的生活带来不顺心，巧妙地化解误会和仇恨，才能让我们的生活氛围变得融洽。

一个聪明的人在与他人相处的过程中总是保持温和的态度、合理的距离，让他人觉得既温暖又不过分亲密，从不把自己骄傲、强势的一面展现在大家面前。而且总是会面带微笑地要求你的帮助，当麻烦你的时候，他总会感到抱歉，让你不忍心拒绝，即使你再辛苦，也会被他的一个感激的微笑、一个真诚的眼神、一句温暖的话、一杯热咖啡融化掉。聪明的人会用最富有智慧的、幽默诙谐的语言解除你的尴尬，让你感激他；会用自己独特的魅力把整个办公室的气氛调节得融洽而和谐；会把自己的办公桌收拾得整洁而有情趣。

那么，什么样的人容易给自己树敌呢？要知道这个，才能在生活中为自己多找几个朋友。

1.高傲

高傲的人容易伤害别人的自尊心，高傲的人一般都比较优秀，优秀又不加掩饰，最容易成为众矢之的，处处树敌。高傲的人通常“鼻孔朝天”，不但得罪同事，在上司面前也不会讨巧，不但同事嫉妒他，上司也会认为他自视清高，这样优秀而高傲的人最容易错过良机。所以，越是优秀有才华的人，越要学会随和，学会亲切。

2.冷漠

冷漠的人表面上看起来并不骄傲，但是他的内心比谁都骄傲，他会笑嘻嘻地和每个人保持一定的距离，看起来很亲切，实际上却是遥不可及。当你走近他时，他会用冷漠、疏离应付你，从来不向你提及工作以外的事，遇到事情则“事不关己，高高挂起”，和所有的人交往都很谨慎。这样的人虽然不会闯什么大祸，但是和同事们也不会相处得很好，不会和所有人打成一片，甚至对公司也没有归属感。这样的年轻人不会被领导器重，也不会很快得到升职，所以，人们虽然不敌视他，但对他也没多少好感。

3.自私、刻薄

自私的人只顾自己的利益，不顾别人的感受，最容易因为利益关系和竞争对手树敌。只要他们稍微顾及一下别人的感受，就能够做一个“不讨人厌的利己主义者”。刻薄的人通常喜欢以犀利的语言嘲笑或者捉弄别人，重要的是他们喜欢“哪壶不开提哪壶”，所以会到处树敌。《红楼梦》中的王熙凤、林黛玉就是典型的例子，所以，她们两个的人缘都不是很好。

4.强势

强势的人会让人感到威胁，他们我行我素和不容他人质疑的性格会让许多人受不了。因此，尽管只是工作意见上的不同，他们也会拼命地维护自己的观点，因此和许多人结怨，更不用说许多其他方面的争执了。他们让女人感到害怕，让男人感到有压力，让有资历的人感到有威胁。而如果他只是一个微不足道的岗位上的一个小角色，就会受到所有人的封杀，这是最不聪明的做法。

我们只有知道了应该注意的地方，才能“化戾气为祥和”，化敌为友，为自己的人脉网再添一笔。一个真正聪明的人会让自己到处都是好朋友，到处都有人愿意帮助他；而一个自以为是的人，才会成为“公敌”，让自己陷入“四面楚歌”的困境，甚至不得不牺牲掉一份本来很好的工作或机会，而且他的“聪明”会让他自己和别人过得都不好，尤其是让自己陷入“两难”的境地。

所以，我们一定要改掉自认为高人一等的骄傲和傲气，让自己放松下来。只有你心平气和地接受他人，他人才不会对你竖起墙壁。要学着处理和周围人的人际关系，让自己在事业上进行得更顺利。

## 维系友情，聪明的人懂得维护朋友资源

朋友对于现代人来讲不只是点头之交，我们需要学会维护朋友资源。现在有很多人对友谊很功利，很现实，但是，人走茶凉的交友态度是不足取的。我们可以回避无价值的人际关系，但没有必要因为权力、地位和财富回避一个人，无论从功利角度，还是从友情角度来看，这都是不明智的。

大多数人已经了解了朋友资源的重要性，也没有必要一再进行论证，我们要做的就是编织好自己的人际网络。当然，在朋友中，有些人际关系是需要我们回避的，即给自己的精神和生活带来了不便和负累，使自己觉得压抑、疲惫的关系。不思进取的朋友、一味地玩乐的朋友、悲观的朋友、爱抱怨的朋友我们一定要回避。跟这样的朋友在一起，你会感觉很没意思，身心俱疲。这样的心态会影响你，让你变得灰心。我们一定要和那些成功的人在一起，感受他们的快乐、自信，积极学习他们在各自专业中的先进信息。他们会让你觉得这个世界是美好的、光明的，你的成功就在眼前。

那么，要从何下手才能为自己编织稳固长久的朋友网呢？

第一，我们身边肯定有不少于五个朋友、亲人或者同事，这就是你最需要维护的关系，他们可以说是你生活中最重要的人际关系。我们要做的就是要得到他们的帮助，并且回报他们；或者先去帮助其他人，在这个过程中巩固你们之间的关系。

然后，进入他们的圈子。利用朋友宴会、生日会等受到邀请的机会，认识他的其他朋友，进入他的社交圈子。如果他不是一个很封闭的人，不过分狭隘，相信他的朋友中就有值得你交往的。抓住机会认识他们，倾听他们谈话，并发表自己的意见，给对方留下好印象。和他进行愉快的交谈，留下各自的联系方式，这样当你再与他见面、打电话联系或者请求帮助时才不至于显得唐突。

间隔一段时间之后，主动地和他联系，请他帮一个小忙，但不要太困难或者太麻烦。这样你们的关系又得到了巩固，当然，最重要的是不间断地和他沟通，这有助于你们最终成为朋友。

然后开始新一轮的网络编织。当然，这样的朋友一般是有局限性的，在私人的问题上，或者技术问题方面，他很可能帮助你，而在公事上，他可能并不愿意和你有交集，因为这容易让人觉得你在利用他。一旦这样的感觉变得强烈，你也有可能失去这个朋友。

第二，对于那些对你有利的朋友。像是你的客户，往往乐意在公事上帮助你，因为他们对你也有同样的要求。积极地跟自己的客户沟通，并时不时地进行感情联络，这样的感情投资，对于我们是有很大的好处的。

第三，对于和自己有合作关系的人，我们也要与其保持良好的关系。对于这样的朋友，我们一定要秉持一定的观点，“没有永远的朋友，也没有永远的敌人，只有永远的利益”或者“亲兄弟，明算账”，无论在怎样的状况下，先做小人后做君子，才可能和这样的朋友进行长久的交往和合作，而不会被友情所伤。

被你选入人际网的人同样也会把你作为人际网中的一员。对待有利益关系的朋友，我们不必有被利用的感觉，也不必感到羞愧。交有利益关系的朋友，首先选择的标准反而是道德，一个道德败坏的人随时都会在攀着你爬上去以后，一脚把你踢下去。当然，我们编织自己的人际网络之时，也被其他人编织着，这是我们一刻也不能忘记的。私人感情上的朋友，即使伤害到你，也不会伤筋动骨，因为你的利益和他没关系，他并不明白你在经济上的软肋。所以，交朋友也要公私分明，公事上的朋友，最好不要涉及彼此的私事；感情上的朋友，最好也不要涉及金钱利益。否则，就会把所有的软肋暴露在同一个人面前，这是很危险的。

我们不仅要懂得结交朋友，更要懂得维护朋友，宽广而又稳定的朋友网是能帮助到我们的资源。只有不断地积累朋友资源，才可能尽快地获得成功。只有不被自己编织的人际关系网绊倒，才是一个明智的织网人。

## 学会拒绝，别来者不拒

现代社会，人们越来越重视人际关系。正如古人所说，天时地利人和。要想获得成功，我们除了自身要有能力有胆识之外，朋友和合作伙伴的帮助，也是必不可少的。看看现在的图书市场，关于如何与同事相处、如何拥有好人缘的图书比比皆是，这充分说明人际关系已经被提升到一个前所未有的高度。众所周知，人和人之间的相处，首先要以真诚为基本原则。除此之外，还要宽容、友善、乐于助人等。这些要素很多，全都做到很难，只要能做到其中几条，你的人缘就不会太差。然而，生活中还有这样一类人，他们几乎做到了所有拥有好人缘该做的事情，也竭尽所能地帮助别人，但却总是出力不讨好。这到底是为什么呢？究其原因，是因为他们不懂得拒绝。没错，善于拒绝也是拥有好人缘的必备条件之一。

生活中有很多好好先生，对于别人的一切要求，只要能做到的，他们都会毫不犹豫地答应。有的时候，即使自己做不到的，他们也会不假思索地做出承诺。由此一来，就凸显了一个问题：经常有求必应地帮助别人，一旦有一次不能提供帮助，别人还会感激你吗？毫不迟疑地答应别人的请求，如果最终你没有兑现承诺，别人即使知道当初是强人所难，也难免会因为你没有做到心生不悦。正是这两个方面的原因，导致生活和工作中的很多好好先生，虽然付出了很多时间和精力帮助他人，最终却落得埋怨。

在办公室里，马波是出了名的好好先生。这不，马上到下班的点儿，同事们纷纷向他求助："马波，我着急去幼儿园接孩子，你帮我把剩下的表格做完吧！""马波，我朋友结婚，得早点儿走，你能帮我等到7点钟接待一个客户吗？""马波，我丈母娘来了，我要去车站接她，你帮我把这个文件整理一下吧！"……这几乎是每天下班的时候都会发生的情形，同事们总是因为各种各样的原因让马波帮忙。对此，马波总是一味隐忍，即使自己的分内工作还没做完，也会把各种帮忙的请求应承下来。不过，今天他实在是没法帮大家的忙，因为他昨天下班的时候四处帮忙，导致工作积压，自己的工作就要忙到晚上九十点钟才能做完。因此，他只得挨个同事面前打退堂鼓："不好意思，我的工作太多了，实在做不完，老板等着要。"

迎接他的是一张张苦瓜脸。为什么平日里能帮，现在就不能帮呢？大家都想不通这个道理。因此，他们非但没有感谢马波平日里慷慨帮忙，反而都抱怨马波今天不帮忙。

对此，马波苦恼极了，他可不想得罪人。为了改变这种状况，马波特意向一个朋友求助。朋友说："你呀，就是好好先生。你只需要做好自己的分内工作就行，对于其他同事，帮是情分，不帮是本分。就是因为你平日里总是好说话，帮所有人完成工作，所以现在才这么被动，不帮倒成不是了。你听我的，再有人找你帮忙，你就严词拒绝，改变你好好先生的形象。"果然，在接下来的几个月中，马波一律拒绝同事们的帮忙请求，专心致志地做好自己的本职工作。结果，他不但在工作上有了出色的表现，还得到了同事们的认可。偶尔有一次需要帮忙的时候，同事们都会好言好语地央求马波，等到马波答应帮忙，又会千恩万谢，再也不会因为马波没时间帮忙而生气了。

好好先生当久了，明明是义务帮忙，大家也会觉得理所当然。马波就是这样的情况，如果不是朋友帮他出主意，他继续当好好先生，一定会因为有的时候不能帮忙，把所有同事都得罪光。人总是有这种心理，对于得来不易的东西万分珍惜，对于轻而易举就得到的东西却觉得理所当然。在职场上，为了让别人重视你的存在与付出，一定不要当好好先生，有求必应。否则，大家就会觉得你的付出和帮忙都是理所当然，也就不会拿你的付出和帮忙当回事。如此一来，你虽然没少出力，没少搭上宝贵的时间，但是大家都不会感谢你。这就像是父母对孩子，如果照顾得太周到，孩子就会觉得父母理所应当照顾自己。只有让孩子感受到父母的艰辛，他才会理解父母的苦心付出。

实际上，在所有人际关系当中，都不能一味忍让和退步。我们必须坚持自己的原则，才能得到别人的重视。尤其是在职场上，谁都愿意为自己找一个免费的劳动力使唤。只有学会拒绝，你才能避免沦为免费劳动力，才能得到别人真心的感谢。

# 第九章

## 避开这些决策的误区，防止错误的抉择

## 人心不足蛇吞象，要努力成为欲望的主人

现代社会物质极大丰富，有的人也陷入欲望的沟壑，被欲望的洪流带领着浮浮沉沉，甚至失去人生的方向。在欲望极度膨胀的今天，有的人变得极为贪婪，再也没有了单纯善良和纯粹美好。那么，这样被物质裹挟着的生活真是如你所愿吗？你是否也曾想要逃进深山，过一过那种清心寡欲，日出而作、日落而息的生活？实际上，内心的浮躁并不是外界的吵吵嚷嚷造成的，而是因为我们的贪婪。

人性的贪婪，驱使着人们想要拥有更多的金钱权势、想要住更大的房子、开更好的车……然而，在生命面前，这一切身外之物都是浮云。等到有朝一日你虽然腰缠万贯，却失去健康和青春，你才会意识到金钱权势是多么苍白无力，然而此时为时晚矣。与其等到不能挽回时再陷入无限的懊悔，不如从现在开始就豁达一些，努力成为欲望的主人，而不要当欲望的奴隶。唯有如此，我们才能从容地享受生活。

作为一名在艺术学院读书的大四学生，丽丽看起来简直像

个贵妇人，而不是一个清纯简朴的学生。早在大一的时候，她就开始谈男朋友。因为自身家里条件不错，再加上男朋友是富二代，所以丽丽很快褪去青涩，成为班级里乃至全校最时髦的学生。

她几乎每天都在尝试不同的打扮，有的时候是清纯的学生风、有的时候是奢华的贵妇风，有的时候是知识女性的精明干练、有的时候是青春少女的妩媚多姿。总而言之，丽丽有很多华丽的服装，化妆品更是堆满了柜子。每当听到同学们艳羡的啧啧声，丽丽总是觉得极度满足，尤其是当走在校园里招引很多人瞩目时，她更是沾沾自喜。就这样，丽丽越来越膨胀。她频繁要求男友为她买昂贵的衣服和化妆品，在这次生日的时候甚至提出让男友送她一个LV的包包。尽管男友挥金如土，却也觉得LV包对于他们的学生身份而言太夸张，为此他拒绝了丽丽的要求。

一个偶然的机会，丽丽认识了一个社会上的成功男士，他是一家上市公司的老总，家里有老婆，外面还有情人，但是却非常大方，居然送了一辆豪华跑车给丽丽。在重金的诱惑下，丽丽答应了这位男士的请求，开始与其交往，并且住进了他位于郊外的别墅。接下来的生活，丽丽更加挥金如土，当然，代价就是成为这位成功男士的金丝雀。眼看着大学毕业，很多同学都进入歌舞团、影视公司发展，丽丽却成为被圈养的小鸟，再也飞不起来了。

丽丽为了满足自己不断膨胀的欲望，最终选择放弃事业的发展，成为一只金丝雀，被人圈养。这样的结局未免让人扼腕叹息，因为人生最美好的年华也不过就是那么几年，岂是金钱可以估价的呢！这就是欲望的邪恶力量，它让人们迷失本心，忘却初心，一味地只想不劳而获。

对于物质的欲望，就像是个无底深渊，如果不能合理控制自己的欲望，那么不管多少金钱和物质都无法填满这个大洞，我们最终也会无限沉沦下去。看看如今越来越繁荣火爆的奢侈品市场，我们就知道有多少人被欲望驱使。还记得《渔夫和金鱼》的故事吗？如果不是老太婆那么贪婪，也许他们就能摆脱悲惨的命运，住上豪华的房子，享用美味的食物，还有佣人贴心的伺候。然而，欲望就像一个肥皂泡，在老太婆不停地吹大这个肥皂泡的过程中，突然就破灭了。要想让欲望成全生活，我们就必须合理控制欲望，使我们本身保持在理智和清醒的状态中。

## 过度思考，只会让你内心焦虑

你是否曾经有过这样的体验，哪怕只是一件微不足道的小事，也会让你感到非常纠结和痛苦，甚至每天每夜都在想着这件事情，简直头痛欲裂？尤其是夜晚降临的时候，那件小事如同一根刺一样扎在你的心里，让你失眠，头脑清醒地左思右想，等到好不容易睡着了，即使在睡梦中，你也因为这件事情而苦恼和烦躁？如果有，那么你患了焦虑症，起因是过度思考。

人们常常在不知不觉中就陷入过度思考中。通常情况下，大多数人都懒于动脑，但是也不乏有些人过度思考。所谓过度思考，就是指人们对于一个问题的思考没有把握好度，导致自己陷入寝食难安的地步。实际上，很多问题并不像我们想象中那么复杂，也无须我们耗费那么多脑细胞去思考。在思考问题时，男性与女性是截然不同的。男性的思维模式类似于直线，总是一针见血，他们往往不会纠缠于某个具体问题。相反，女性的思维则更加感性，就像是一团乱麻，总是千头万绪。因而，女性朋友往往更容易焦虑，因为她们很擅长举一反三，尤其擅长把简单的问题想得非常复杂。殊不知，过度思考只会让你不得从容。明智的人不会为一个小小的问题陷入沉思，很多问题也并非那么毫无头绪，只要厘清思路，我们就可以从容不迫地回到生活的正轨了。

在过度思考中，还有一种现象是孤独思考。顾名思义，孤独思考，就是指人们习惯于独自思考，也因为缺乏与他人的交流，所以总是误会和曲解他人。这对于人们的人际交往，是有弊而无利的。不管从哪个方面来看，过度思考都是有弊无利的。从现在开始，我们就要戒除过度思考的坏习惯，从而神清气爽，头脑轻灵。

小梦在广告公司做策划工作，一直以来，她的策划案都深得领导赏识。这次公司接到了一个大项目，领导特意交代给小梦去做。小梦接到领导的任务后，非常感激领导对她的赏识，马上开始投入工作，只为了给领导一个满意的交代。

因为这个项目关系到未来与对方公司的合作，小梦简直竭尽全力。不想，原本文思泉涌的她却遭遇瓶颈，虽然接连奋战好几天，却依然没有灵感乍现的感觉。小梦有些崩溃，因为再过两天就是交工的日子了。为此，她向好友求助，好友说："你呀，缺乏放松。这样吧，咱们今晚去唱歌，好好地怒吼一番，你就放下这个项目，彻底忘记它了。"小梦尴尬地笑了，说："那我岂不是更没法完成工作了？你可知道，我最近几天废寝忘食，都是为了工作，连做梦都梦到项目的事情呢！"好友暗自窃笑，说："所以你才缺乏灵感呢！脑细胞都快被你累死了！不要紧张啦，走吧，车到山前必有路。"就这样，好友把小梦拉去吃饭喝酒，然后又到了歌厅。一番声嘶力竭的怒吼之后，小梦觉得累极了。她浑身疲惫地回到家里，没有洗漱就和衣而睡。睡到半夜时分，小梦脑海中突然灵光一闪，出现了一个绝妙的好创意。她赶紧起床打开电脑，连夜奋战到天明，一个堪称完美的创意横空出世，小梦完美地完成了领导特意安排的任务。

小梦之前灵感枯竭，就是因为她过度思考，导致思维僵化。幸亏好友带她在关键时刻尽情放松，才让她在彻底忘记工作之后，找回了久违的灵感。这样的妙手偶得，一定能够让她的创意更加充满灵气，也容易得到领导的认可和肯定。

很多情况下，一刻不停地思考会让我们感到疲惫。很多高三学生在高考之前，都会停止复习让自己放松一两天。如此一来，他们的临场发挥反而更好，更容易取得好成绩。

当然，放空自己的方式多种多样，我们未必也要去唱歌跳舞吃饭喝酒，如果你爱好音乐，也可以去听听音乐；如果你喜欢插花，不妨静下心来插花。总而言之，只要是能够让你全身心投入忘记思考的事情，你都可以去做。只要达到真正的放松，你就能够如愿以偿。

## 一定要有自己的原则，并在原则范围内调整自我

生活中，我们常这样评价一个人：“他做事很有原则。”很明显，这是一个正面的、积极的评价。那么，什么是原则

呢？原则是说话或行事所依据的法则或标准。它规范着人应当怎样，不应当怎样，可以怎样，不可以怎样。大凡一个人，在想问题、做工作、办事情的过程中，都有一个讲原则的问题。敢不敢、善不善于讲原则，是检验一个人、一个单位修养和素质的一块试金石。对此，稻盛和夫说：“坚定并遵循基于原理原则的哲学，它将引导事业走向成功，为人生带来丰硕果实。”

在《活法》一书中，他写道：“究竟要选择两条路中的哪一条路，当你犹豫彷徨时，我建议你远离自我利益，选择那条充满荆棘的道路，因为这是人生‘本来应该’走的路——我们就是要选择这样愚直的、艰辛的生活方式。”

的确，生活中的年轻人，人生经验尚浅，在遇到很多问题的时候，可能不知如何下手，不知如何解决，那么此时，你不妨抛弃那些摇摆不定的想法，从原则出发，才能保证你的选择是正确的，当然，正如稻盛和夫所言，这绝对不是一条充满乐趣的享受之路。以哲学为基准的人生，要约束自己、束缚自己，甚至多数场合伴随着痛苦。有时还可能是处处“吃亏”的苦难之路。但是，目光长远地看，根据坚定的哲学采取行动最终绝对不会吃亏。即使暂时看上去吃亏，不久一定会恢复为“获利”，而且肯定不会犯大错。

在社会生活中，不管干什么，都要有自己的原则。这里的原则既包括办事的方法，也包括为人、处事的立场、主见。一味地迁就、顺从别人，实际上是软弱的一种表现。做人不能没有原则，没有了做人的原则，也就没有了衡量对与错的尺度。关于这一点，稻盛和夫举出了这样一个例子："到现在为止，日本并没有从泡沫经济中挣扎出来。曾经有很多企业家，他们自以为发现了商机，以为房地产是块肥肉，于是，他们争先恐后地投资房地产。这的确是个暴利行业，他们仅仅转卖土地所有权，资产价值就不断飙升。为了获得更多的资金和使得土地升值，他们不断地从银行借贷，以投入到新的投资里。实际上，这种做法是不符合经济原则的。随着泡沫经济的崩溃，原本应该产生价值的资产突然变成负资产，很多企业因此背负不良债权。可能有人认为我之所以这样说，是因为看到了结果，但是，如果拥有确切的原理原则和哲学，不论在何种状况中，都应该可以做出正确判断。"

稻盛和夫一直坚持自己的原则，所以，即使听说可以获取巨额投资利润，他也告诫自己"不可贪得无厌"，这一理念始终支撑着他，从来不曾动摇过。

从原则出发，任何一个人，都应该视其为考虑问题的第一准则，实际上，除了稻盛和夫，在中国坚持为人处事原则的人古已有之。总之，我们应该随着时代的变迁及时调整自我，同时信守不变的原则。在坚持自己原则的基础上，逐渐创立自己新的原则，使自己不断发展、不断完善。

## 爱慕虚荣，很容易迷失本心

现在社会很多人都追求金钱，殊不知爱慕虚荣的人比贪财的人更可怕，更容易陷入人生的黑洞之中，无法自拔。很多人因为过于爱慕虚荣，甚至迷失了本心，放弃了自己做人做事的原则，最终导致不择手段实现目的。尤其是在职场上，那些被虚荣心胁迫的人很容易做出出格的事情，他们利用职务之便违反道德和法律规定，最终导致自己铤而走险，职业生涯也被毁灭，人生更是从此蒙上阴影。

在前段时间热播的反腐大剧《人民的名义》中，第一集里有一个出身贫寒的处长就因为贪污受贿大量钱财被直接抓捕。这位处长真是可悲，他身居要职，贪污了几亿的钱款，却因为胆小始终过着清贫的生活，贪污来的钱他一分都不敢花，而且就连给老母亲的钱，也一直保持在每个月300块。那他到底为什么要贪污呢？这就是人的爱慕虚荣，他内心深处渴望荣华富贵的生活，却因为害怕而不敢轻举妄动花那些来路不正的钱。最终，他锒铛入狱，无法对孩子、妻子和老人做出交代。

提起爱面子，很多人马上就会想到女人，因为在生活中，大多数女人都喜欢与他人攀比，尤其喜欢在物质层面与其他女人进行攀比。她们每次穿了新衣服，就会展示给同性的朋友看，或者展示给同事或者是闺密看。但是当其朋友也穿了漂亮的衣服时，她们的心里却感到很酸涩，尤其是别人有了自己没有的东西，她们往往觉得面上无光。为此，很多女人为了漂亮的服装、华贵的首饰等总是不择手段。尤其是现在社会物欲横流，很多年轻的女孩为了拥有奢华的生活，甚至主动在社交网站上发布求包养的声明。曾经有记者在很多音乐或者影视学院门口做过调查，即如果一个中年男性开着100万元以上的豪车停留在学校门口，那么很快就会有年轻漂亮的女孩主动过来搭讪。

不得不说，某些人，心已经迷失在金钱和物欲之中。在当代社会，虽然没有钱是万万不行的，但是金钱却永远不是万能的。很多时候，人生之中有更多重要的东西值得我们珍惜。这些东西都是金钱买不来的，也是我们不应该为了金钱而抛弃的。有人说金钱能够买来房子，但是买不来家；金钱能够买来陪伴，但是买不来爱情和亲情；金钱能够买来很多名贵的药物，但却买不来健康。的确，金钱能够做很多事情，却永远不会无所不能。

现实生活中，很多爱慕虚荣的人总是只要面子不要里子，他们在被逼到一定程度的时候，就会选择打肿脸充胖子。哪怕很多事情已经远远超出他们的能力范围，他们也只能硬着头皮去干。不过，爱慕虚荣的人也分成两个极端，他们中有的人为了挣钱不择手段，但是有的人明明需要钱，却因为爱面子不愿意去做那些自己觉得不够体面的事情。前者虽然不好，后者也不值得提倡，毕竟对于金钱的追求只要适度而且合理，就是完全值得尊重的。举例而言，一个人如果为了面子整日在家里啃老，那么还不如去做一份普普通通的工作，哪怕只是当一个清洁工，也是凭借自己的双手养活自己，这样的人才是值得尊重的。此外，一个人活着并不只是为了自己，也要承担起家庭的责任，很多人爱面子到了过分的程度，一直找不到合适的工作就放纵自己，最终导致家庭生活困窘、经济困难。不得不说，这种爱面子也是非常可怕的，不但害了自己，也拖累了家人。实际上面子问题固然重要，但并不是在任何时刻都排在第一位。生存是非常严酷的事情，一个人如果不能满足基本的生存所需，就没有资格追求更高层次的需求。在这种情况下，尤其是当基本生存需求都无法得到满足的时候，所谓的面子只是一个虚无缥缈的东西，活着才是最实在的。

大学毕业后，刘敏回到家乡的小县城当了一名小学老师。

原本她很高兴可以养活自己，毕竟这么多年来一直依靠父母生活，给父母增加了沉重的负担，她常常为此感到愧疚。刘敏的家庭经济情况并不好，她的父母都是农民，随着年纪渐渐变老，父母已经无法像年轻时一样劳作了，所以刘敏还有一个梦想，那就是要从拿到第一个月工资起，每个月交给父母一定的钱，作为他们的生活补贴。

然而，真正参加工作之后，刘敏才知道事情并不像自己想象的那么简单。每天看着办公室里的老师穿得花枝招展，而且总是攀比谁又买了一部新手机，谁又买了一条金项链，或者谁又买了一辆车。刘敏的心一开始还很淡定，后来不由得渐渐烦躁。尤其是她每个月还要节省一部分钱给父母用，所以经济上就显得更加紧张。原本她只是想像学生时代一样简单生活，降低消费，但是现在看来几乎不可能。办公室里的同事有的时候会向她推荐一些好用的化妆品，如果她始终拒绝，就显得很没有面子。工作一年之后，刘敏的工资虽然涨了几百块钱，却越来越不够用了。哪怕不给父母贴补家用，刘敏每个月也依然入不敷出。对于金钱的渴望，使刘敏在寻找男朋友的时候从一个纯粹的爱情至上主义者变成了物质主义者。每当有人要给她介绍男朋友，刘敏总是先问对方家里有没有房子、车子以及对方的月收入是多少。渐渐地，大家都不愿意给刘敏介绍对象了，因为大家都知道刘敏自身的家境并不好，如今却想借着找男朋友的机会改变命运。虽然这无可厚非，但是刘敏强烈的功利性却总让人觉得别扭。

刘敏自己也没有闲着，她知道老师的工作是清水衙门，解决温饱虽然没有问题，但是绝不可能挣到大钱。所以她迫不及待想要借助于找男朋友的机会彻底改变命运。然而，很多事情一旦跑偏，结果就会事与愿违。刘敏虽然想尽办法认识了一个富二代男朋友，但是却被对方的花心伤得痛彻心扉。如此耽误，刘敏直到30岁也没有找到合适的男朋友，眼看着年龄渐渐大了，她不得不在学校里找了一位老师结了婚。虽然如此，她依然没有放弃和他人攀比，总觉得自己嫁得有些委屈了，所以在婚姻生活中，她总是心怀不满，和丈夫不停地吵吵闹闹。最终丈夫无法忍受刘敏的好高骛远，选择了离婚。刘敏从一个青春的女孩，变成了一个单身的离异女人，如果她依然执迷不悟，爱慕虚荣，那么她的人生一定会走上不同的轨道。

在人生之中，很多人总是当局者迷，在真正置身于某件事情中时，感到非常迷惘，无法参透事情之中蕴含的道理和人生的真谛。而等到事情发生过后，他们才会懊悔不已，觉得自己不应该为了所谓的面子丢掉里子，也不应该为了爱慕虚荣不顾一切。尤其是很多内心敏感的人，他们的自尊心过于强烈，最终使得自己死要面子活受罪，导致一切事情远远超出他们的承受范围，人生也陷入被动和不安之中。

毫无疑问，每个人在生活和工作中都希望得到他人的尊重，而要想如愿以偿，我们首先要学会尊重他人。很多成功人士之所以不断地努力，也是为了提高自己的身份和社会地位，然而君子爱财取之有道，为了实现目标，我们不能一味地不择手段。人生追求任何东西都要适度，尤其是现代社会中生存越来越艰难。聪明人既要面子，也要讲究方式方法，才能把每件事情都做得圆满。

## 找准目标，选择和努力一样重要

智者曾说："一个人要走自己的路，本身并没有错，关键是要正确选择脚下的方向。"走自己的路，让别人去说，关键是看我们走的路是否正确。如果一个人选择了一条死路，那么他注定难有辉煌，最终将会被历史的长河淘汰。一个又一个成功者的故事告诉我们，一定要重视"选择"的力量，因此，当你遇到困难时，不要束缚自己的双眼，你要看清自己的局势，看清未来的方向，这样当你再坚持一下，再向前一步，才有可能找到解决问题的方法。

成功者之所以能成功，就是因为他们选择了正确的道路，并执着地走到了终点。成功不是老天给予的，而是靠我们的判断、选择努力而来的，如果万事都顺利，那我们又有什么去努力拼搏的价值呢？所以说，人们不要再去抱怨命运的不公，不要抱怨机遇总是一晃而过，因为这些都是要靠我们自己去选择、去判断、去争取的。

有一个年轻人，他做事十分勤奋、努力，但经过多年的拼搏，总得不到什么大的成就，他感到十分困惑，听闻深山里住着一位智者能解答天下难题，他便慕名前去拜访，希望能够得到一点指点。

智者听完他的讲述，并没有说什么大道理，反而叫他跟自己的弟子们一起去五里外的山上打柴。年轻人虽然不明白智者为什么这么做，但还是跟着去了。打柴是个力气活，年轻人用尽全身的力气也才打了六捆，在回来的路上，小山一样的柴火压得他抬不起腰，最后实在扛不动了，他只得把两捆柴扔在路边。又走了一段山路，他不得不又扔掉两捆，最后气喘吁吁地背着一捆，拖着一捆，艰难地回到了智者的住处。

一同前去的大弟子和二弟子则不同，他们先是分开砍柴，各自砍了两捆，然后将这四捆柴挂在一根扁担上，一起抬了回来，不仅如此，他们还将年轻人丢掉的那四捆柴也抬了回来，轻轻松松地带回了八捆柴。而身材矮力气小的小弟子，正坐着木筏从上游漂回，他的木筏上也赫然摆放着八捆柴。年轻人看到这一幕惊呆了，他沉思了片刻，便去拜谢了智者。

故事中的年轻人没有正确预估自己的能力，一进山就开始拼命砍柴，虽然努力做事，但却没有任何详细的计划和准备。他的勤奋值得肯定，但工作效率却实在不高，最后他拼尽了全力，贸然背起六捆柴，结果寸步难行，最终只得放弃一大部分，费时费力又没有成果。这种依靠蛮力，缺乏智慧的做事方法，只能导致事倍功半。

智者的弟子们则不同，大弟子和二弟子利用了团结的力量，齐心协力共同抬回八捆柴，他们付出的努力与回报是对等的。而小弟子深知自己的体力不如人，他便借用河水与木筏的力量，选择适合自己的运输方法，一个人轻松地拿回了八捆柴，也可以说是事半功倍。

做事勤奋、努力固然重要，但一定要重视选择的力量，人们只有选对了目标，才能朝着它去努力奋斗，最终取得成果。在工作与生活中也是如此，忙忙碌碌的工作、学习，效果并不理想，反而如蜻蜓点水一般浪费了很多时间。

选择的力量很奇妙，它可以让人的工作效率变得很高，也可以让我们的人生之路变得黯淡无光，关键在于人们自己是如何选择，选择的结果是否适合。因此，我们在做事时，不如先看准目标，给自己制订详尽的计划，再向前去努力，这样成功的可能性才会大大增加。

俗话说，好的开始是成功的一半，同样的，好的选择也是成功的一半，我们做事时，要先给自己制订一个目标，如果在向这个目标前进的路上，我们遇到了很多分岔路，那么就应该先冷静下来，聆听自己心中的声音，朝自己向往的目标去努力奋斗。朋友们，让我们做出聪明的选择，做一个成功的人吧！

## 要积极主动地调整自身，让自己与时俱进

船只在漫无边际的大海上航行，看似无论往哪里走都是可以的，但是，汹涌的波涛下或者有礁石，或者有暗流，船只必须按照一定的航向，才能平安驶达目的地。

有些人认为，一旦考入大学，就得到了人生的百宝箱。殊不知，现代社会人才济济，很少有人能够把大学文凭啃一辈子。现实是残酷的，现代社会知识更新的速度非常快，很多年轻人看似刚刚大学毕业，实际上他们所学的知识已经落伍了。对此，那种认为大学毕业就不需要继续学习的观点，完全是错误的。要想在现代社会为自己谋求一席之地，要想在工作中

崭露头角，大学毕业之后不但需要学习知识，而且要向老员工学习经验，这样才能让自己快速成长。归根结底，在学校学习的知识是有限的，而且也因为脱离生活和工作实际，难免有些落伍。实际生活与工作中，我们需要更多的知识与技能，才能适应复杂多变的现实。这一切，都离不开我们的实践和摸索。

所以说，每一艘船在海上航行，都需要随时根据天气和海面上的情况，改变航向。每一个人在生活中前行，也需要根据自身的实际情况和客观外界的情况，不断地调整自身的发展，从而让自己更加顺应形势，符合潮流的要求。朋友们，要记住，不管什么时候，我们都要活到老，学到老，及时变通。这样，我们就会变成一艘灵活的船只，在人生路上随时调整方向，成为人生的赢家。

大学毕业后，张子墨没有继续读研，而是选择工作。他和大多数同学一样，奔波了很长时间，才找到一份心仪的工作。然而，原本以为自己会在工作中占据优势的他，真正工作了才发现，他在大学中学到的那些引以为荣的知识，已经与现实脱节了。为此，他有些懊悔自己没有读研，却又转念一想，与其读研，还不如在工作中继续深造，掌握最新的与现实接轨的知识，这样才能对工作起到事半功倍的作用。

为此，张子墨毫不迟疑，马上参加了培训班，而且还借助于工作的便利，有针对性地提升自己。转眼之间，3年过去，张子墨凭着出色的表现，已经成为公司的中层管理者。而当初那些一心一意考研并且如愿以偿的同学，却面对着更加严峻的就业形势。毕竟，很多公司需要的并不是单纯的高学历人才，而是经验丰富的高学历人才。和纯粹的研究生学历相比，他们更愿意聘用一个本科学历，但是相关经验丰富的人才。所以，很多读完研究生的同学都羡慕张子墨的远见卓识。只有张子墨知道，自己在面对就业市场和就业形势时，也曾经历了煎熬的心路历程。

地球每时每刻都在自转和公转，这也就注定了万事万物一直都在变化之中。当我们置身于改变的洪流，但是自身却保持一成不变时，我们无疑已经落后了。为了与时俱进，我们必须保持进步的姿态，这样才能最大限度发挥自身的主观能动性，避免自己被时代远远甩下。

人生如同大海，我们每个人也如同在海上航行的船只。唯有更加积极主动地调整自身，让自己与时俱进，我们才能保持进步的姿态，与生活并驾齐驱。美国的职业专家调查发现，职业半衰期越来越短。很多高薪者如果不坚持学习，无须5年，就会失去职业优势，变成低薪者。不得不说，就业形势是非常严峻的，未来社会只有两种人存在，一种是忙着四处找工作而不得的人，一种是整日忙忙碌碌发展事业的人。未来的形势将会更加难以应对。

朋友们，我们应该未雨绸缪，不断提升和完善自己，未来才不至于被时代的洪流远远甩下。

# 第十章

# 选择什么样的心态，就有什么样的人生

## 正向思维，始终给自己积极正面的心理暗示

在心理学中，暗示是指潜移默化影响人的心理和潜意识，从而让人的行为和心理发生改变。在现实生活中，每个人都会给自己一些暗示。暗示分为两种，一种是积极的暗示，另一种是消极的暗示，消极的暗示就是把事情往坏的一方面想，总是纠结于自己不曾得到的或者已经失去的。相反，积极的暗示则是把事情往积极的方面去想，从而让自己更加满足，更加乐观。当然，暗示并不是有意识进行的，而是在不知不觉中进行的，暗示的特性也使得暗示对人的影响润物细无声，总是在悄无声息中改变人外在的行为表现。正因为这样的性质使然，所以暗示对人的影响很难改变和消除。

在生活中，我们应该有意识地运用积极的暗示。当人生充满了积极的暗示，生命就会变得更乐观向上，人生也会春暖花开。由此可见，积极的暗示对人生有着特殊的意义，所以在面对人生的时候，我们一定要养成乐观思考的好习惯。否则，一旦形成消极的坏习惯，使得我们接受的暗示都是消极的，那么

我们的人生也就会因此陷入负面的影响之中，受到更多的损失和伤害。

最近这段时间，乔治失去了工作，处于失业的阶段，为此他不得不接受街道办事处给他推荐的保姆工作，负责照顾一位老先生的饮食起居，在白天的时候帮助老先生做好所有的家务事。从职场人士成为老先生的贴身保姆，乔治经历了一段适应的时间，后来在与老先生相处的过程中，他渐渐地感受到乐趣，居然喜欢上了这份工作。

老先生年纪很大，有些返老还童的表现，因而总是做出让乔治高兴和开心的事情。在与老先生相处的过程中，乔治也学会了很多人生的智慧，以及与老人相处的技巧。有一天，已经深夜了，老先生突然来敲乔治的门。他皱着眉头对乔治说："我每天晚上都需要吃安眠药才能入睡，但是我的安眠药已经吃完了，今天我没有安眠药，你有没有安眠药可以给我吃呢？"乔治向来睡眠良好，从来没有吃过安眠药。他原本想直截了当拒绝老先生，但是看到老先生痛苦的样子，他突然想到一个好办法，因而对老先生说："老爷爷，你可真有福气，我的朋友刚刚从国外给我带回来一种新型的安眠药，据说疗效特别好。本来我自己还不舍得吃呢，既然你睡不着觉，我忍痛割爱赠送给你一粒。你先回去，我马上找出来送给你。"老先生走了之后，乔治从装着维生素的瓶子里拿出一粒药片，送给老先生：“只要吃了这种药，保证你一晚上都睡得又香又甜，就像孩子一般。”老先生对乔治千恩万谢，马上吃下了那粒维生素。果然，当天晚上他的睡眠好极了。从此之后，老先生特别喜欢吃乔治专供给他的安眠药，而从来不知道所谓的安眠药就是普通的维生素。但是只要老先生拥有良好的睡眠，不管是吃安眠药还是吃维生素，又有什么重要的关系呢？

乔治使用维生素代替了安眠药，给老先生服用。毫无疑问，维生素并不能真正起到安眠药的效果，只能给老先生积极的心理暗示，使老先生的睡眠状况有所改善。由此可见，老先生的失眠并不是因为身体的原因，而是因为他的精神原因导致的。在积极的心理暗示下，老先生的睡眠状态才得以改变，睡得越来越香甜。

不可否认，暗示的力量是非常强大的，而且是让人无法抗拒的。现实生活中，每个人都会遇到很多为难的事情，假如能够积极地暗示自己，那么他们就会拥有强大的力量，在人生中也会保持愉悦的心情，快乐地度过每一天。否则，他们的心情就会越来越糟糕，也会导致他们在人生中的表现变得更糟糕。

实际上，快乐并不是从外界得到的，而是来自我们的内心。每个人只要进行积极的心理暗示，就能够拥有快乐；每个人只要让自己的内心变得更强大，就能够越来越接近成功。

## 乐观与自信，迈过人生重重困难

在这个世界上并没有真正的绝境，正所谓“山重水复疑无路，柳暗花明又一村”，只要我们站在正确的角度上看待问题，就能找到解决问题的契机。只要我们摆正心态面对人生，就会给人生带来更多的惊喜。哪怕是真的处于相对的绝境之中，只要能够积极地解决问题，那么就能够打破绝境，从而为自己找到人生的出路。与此相反，假如我们紧张焦虑，甚至沮丧绝望，不敢正面面对绝境，那么我们的人生必然是阴沉暗淡，甚至由此之后进入死胡同。看到这里，也许很多朋友都会觉得困惑：刚才不还在说人生没有绝境吗？现在怎么又说人生进入死胡同了呢？其实，这并不是自相矛盾，而只是意味着我们要调整好自己的心态，才能在保持冷静的情况下理智思考，最终找到走出绝境的办法。人生是熬出来的，唯有积极乐观和自信，才能支撑我们熬过人生的坎坷泥泞，也才能帮助我们在人生中有更多的收获。

要知道，如果上帝为我们关上了一扇门，那么他就一定会再为我们打开一扇窗。毋庸置疑，这句话一定是拥有积极心态的人想出来的。因为他们能够在绝境之中看到希望，并且为自己创造更多的机会。从本质上而言，绝境只是我们不够坚强才会出现，尤其是当我们无法承受责任时，内心的大厦就会轰然崩塌。陷入绝境也没关系，因为只要心中始终怀着希望，意志始终坚定，那么我们就能顺利打破人生的绝境，由此获得人生的希望。

作为中国的跳马王，桑兰曾经在跳马比赛上为祖国赢得了很多荣誉。1997年，在参加美国纽约的友好赛时，桑兰因为起跳时稍有迟疑，结果导致头部着地、颈椎粉碎性骨折，从此之后高位截瘫。对于一个原本如同精灵一样在跳马比赛中跳跃的女孩，突然之间却不得不面对高位截瘫，从此被固定在轮椅上，可想而知，现实是多么残酷。作为17岁的少女，桑兰正值人生的花季，原本她还梦想着为祖国赢得更多的荣誉和金牌呢！面对这样的人生突变，任何人都会感到沮丧绝望，然而从昏迷中醒来后，桑兰非常坚强，她不但没有流泪，反而微笑着面对公众。她躺在床上一动也不能动，却始终心系着跳马比赛。她一直坚信自己能够站起来。的确，后来她的实际行动也告诉每一个人，桑兰真正站起来了。她虽然被禁锢在轮椅上，但是她的心却四处飞翔。

受伤之后，桑兰在美国接受了为期10个月的治疗，等到病情稳定之后，她就离开美国，回到国内进行康复训练。后来，她又竭尽所能实现自理，进入北京大学新闻系进行学习。尽管身体不便，但是桑兰对待学习认真刻苦，并不因为身体的残疾，就让自己变得懈怠。几年之后，她顺利从北京大学新闻系毕业了。2008年北京申请奥运城市时，桑兰还作为奥运官方网站的记者，用自己的方式继续参与着奥运运动。

如今，桑兰已经与经纪人组建了家庭，顺利地生下了儿子，像所有女人一样，她也拥有自己的幸福，拥有让自己感到满意的三口之家。曾经，无数人为桑兰的未来担忧，而桑兰却以自己的实际行动告诉每一个人，她真正站起来了。

桑兰之所以能够在绝境之中站起来，从来不曾被打败，就是因为她始终保持乐观的心态。她在经历短暂的运动员生涯之后，并没有放弃人生，而是继续努力，勇敢地开疆拓土，从而让人生进入新的发展阶段。从本质上而言，每个人都掌握着自己的命运和人生，面对生命中出现或大或小的困难，弱者让自己从此沉沦，强者却将其作为人生特殊的考验，从而鼓励自己超越绝境，解决困难。微笑着面对生活说起来虽然很简单，但是实际上每个人都必须真正坚强且独立，才能怀着坚定不移的信念永远屹立于人生之中。

每个人都应该记住，逆境不是人生的绝境，任何时候，我们只有心怀坦荡，才能够天高地远。否则，如果我们把自己禁锢住了，面对绝境的时候，悲观绝望就会无限放大，我们又怎么能够超越自己呢？在这种情况下，我们更无法把控人生。任何时候，我们都应该采取积极的态度面对人生，越是在遭遇人生的坎坷挫折和意外时，我们越应该把握机遇，才能让自己活得精彩洒脱。

## 内心平和，人生最忌浮躁

在如今这个社会，心态浮躁的人越来越多，而能够静下心来、真正享受生活的人却少之又少。曾经有位佛学大师说过，一个人最好的心态就是能够静下心来，保持沉稳。的确如此，很多人都曾经在夜晚欣赏过月亮，会发现波光粼粼的水面无法映出完整的月亮，只有在平静的水面上，月亮才能犹如圆盘一样皎洁明亮。同样的道理，人的心也像水潭，如果总是处于波澜壮阔的姿态，固然能够轰轰烈烈，但是却无法收集更多外界的信息。只有当心态保持宁静时，才能映射出心中的明月，也才能收集更多的信息，从而让人生保持更好的姿态。

每当天气炎热的时候，人们总是说心静自然凉，这是因为当一个人内心保持平静，他就能够让自己的能量处于淡然的状态，也不会因此而让自己变得燥热。然而在现实生活中，要想让心态真正保持平静却很困难，这是因为大多数人的生活节奏越来越快，工作压力越来越大，很容易在浮躁中迷失自我。他们固然还记得自己的理想和目标，但是当在现实生活中被浮躁俘虏时，他们不得不与浮躁进行斗争，才能让自己再次回归平静的状态。也可以说，人只有战胜浮躁，才能成为命运的主宰，否则浮躁就会成为人生的囚笼，让人生从平静走向喧嚣混乱，最终使得人生失去最好的滋味。

从心理学的角度而言，浮躁是一种心态，这种心态让人紧张不已、焦虑不安。每个人都希望自己能够一步迈入成功的行列，却不知道欲速则不达的道理；还有的人总是虚荣心太强，不管与任何人相处都希望自己能够比他人高出一个风头，殊不知，虚荣心太强的人终究会败给自己的欲望，也败给了所谓的面子工程。人唯有真正脚踏实地去努力，去奋斗，才能够渐渐地接近成功。

很多人都把幸福作为人生终极的追求目标，这是因为他们不管是想得到更多的名利和权势，还是想得到更多的金钱和财富，归根结底，他们都是以幸福为最终目标的。当幸福达到标准，他们才能够真正感到满足，然而他们却不知道浮躁也是幸福的天敌，浮躁的人生总是与幸福疏离，或者由于过分追求幸福而变得紧张、焦虑。要想真正获得幸福，就应该让自己的身心保持平静和从容。从容是浮躁的对立面，也是比浮躁的紧张不安更高明的人生智慧。对于人生来说，从容，就像是一剂良药，能够让人在混乱的心态之中瞬间平静下来，从而保持淡然。

从容的力量是很强大的，有些人以为从容就是冷漠，实际上平静舒缓是宽容大度，是恬然处之。从容的人更能够透过生活的现象看到生活的本质，从容的人也能站在比生活更高的角度上看待生活。他们哪怕遭遇生活的磨难和挫折，也绝不抱怨，而会意识到苦难是成就人生的财富；他们哪怕被命运残忍地捉弄，也从来不与世事纠缠，因为他们知道唯有跳脱到事情之外，才能保持内心淡然，也才能够做到对他人宽容。从容的人与浮躁的人采取截然不同的态度面对世界，外界环境的诸多变化，使得他们采取以静制动的态度，以不变应万变。这样一来，他们才能始终保持内心的安静与平和。他们既不会因为外界而狂喜，也不会因为外界而陷入愤怒的深渊，他们知道自己只有宁静淡然，才能让生命静水流深。

生活中，人人都追求岁月静好，然而生命实在是无法做到安静美好。很多时候，突如其来的灾难会让我们手足无措，也有很多时候，人生的厄运会让我们瞬间不知道如何面对自己。在这种情况下，我们唯有拒绝事事计较，才能让情绪平静，也才能够让心海阔天空。总而言之，只有戒除浮躁，每个人才能从容地面对人生。

古人云，福祸相依，这句话告诉我们，在面对人生的灾祸时，一定要保持心境平和。唯有保持内心平静，我们才不会因为灾祸的到来而失去自身的节奏，在面对幸福时也不会狂喜。

很多人都读过《塞翁失马》的故事，主人公塞翁实际上就是一个淡定从容的人。面对失去马匹的厄运，塞翁没有悲伤；面对多得一匹马的好事，塞翁没有狂喜；面对独生子被马受惊摔断了腿，塞翁尽管心疼却也坦然接受；最后，全村的年轻人都去战场上丧命，塞翁却能够与儿子相互依偎。在此之前，看到塞翁的表现，很多不知情的人都以为他一定是人老糊涂了，实际上塞翁拥有大智慧，所以始终能够从容处事。

记住，不管在什么情况下，人生都不能被浮躁俘虏，否则就会受到浮躁的奴役。面对任何事情，如果人们总是大惊小怪、失去镇定，就无法平静淡然。真正高远的人生，必须更从容，才能进退有度，才能气势磅礴。

## 心向阳光，人生就会多几分希望

毫无疑问，太阳是世界上最温暖的所在，因而，很多自然界里的植物都有向阳的习性。最典型的代表莫过于向阳花，也就是向日葵的花朵。在整整一天的时间里，她的花盘就始终面对着太阳。如果我们也能像一朵向阳花一样，不管身处何种境遇，都始终心向太阳，那么我们的人生一定会多几分希望，少几分凄苦。

必须承认，没有谁的一生会始终一帆风顺。要想避免被心中的风雨侵袭，我们必须拥抱太阳。很多情况下，人们对于生命的感受取决于自己的内心。正如有句民间俗语所说："有情饮水饱。"倘若两个相爱的人在一起，粗茶淡饭也会觉得快乐满足。相反，倘若两个没有爱的人在一起生活，即使锦衣玉食，也会觉得寡然无味。由此可见，我们只有心中怀着阳光，才能更多地感受到幸福。

1980年，海伦出生。当时，她是一个健康快乐的小婴儿，享受着父母无微不至的爱与照顾。然而，健全的人生仅仅度过了19个月，海伦就在一场突如其来的猩红热中，失去了听力和视力，从此完全生活在黑暗的无声世界中。因为听不到任何声音，她的世界从此关闭了，她也失去了语言能力，这几乎是灭顶之灾。家人感到非常伤心，但是海伦的父母没有放弃希望。等海伦到了学习的年纪，他们特意聘请安妮·苏利文小姐当海伦的家庭教师。就这样，7岁的海伦开始接受系统的正式教育。在安妮的耐心教导下，她居然只用几年的时间就学会了说话，还能独立读书。这样一来，海伦的世界再次打开，她与外界产生了交流和沟通。海伦凭借顽强的毅力，学会了五种语言，并且阅读了大量的书籍。后来，海伦凭借自身的努力考上大学，努力提升自己。在24岁大学毕业后的60多年里，海伦到处演讲，用自己的切身经历鼓舞那些迷惘的青年，而且还坚持写作，把自己的人生感悟与人分享。不但如此，她还竭尽全力地为聋哑人的教育谋求福利，争取让更多和她一样的聋哑人得到更好的教育和照顾。因为海伦的巨大影响力，联合国于1959年发起了“海伦·凯勒”世界运动。

对于海伦一生的传奇经历，曾经有很多人对此进行了深入的研究。当然，海伦的成功离不开安妮的苦心栽培，但是如果海伦本人放弃希望，只怕安妮再用心也难有成效。对于安妮，很多人都赞美其是“海伦的另一半”。她不但承担了教育和引导海伦的角色，在生活上也无微不至地照顾海伦。如果说海伦是一朵向阳花，那么安妮则是默默陪伴海伦的绿叶，不停地为海伦供给养分，帮助海伦更好地接近阳光，吸取能量。

快乐，理应成为生活的常态，而不是生活的点缀。很多人之所以整日抱怨，并非生活给予他们的太少，而是因为他们奢求的太多。当我们能够坦然接受命运的一切赐予，我们就会感受到更多的快乐，也会感受到阳光和温暖。

想想海伦的一生，遭受如此严重打击的海伦却活出了属于自己的精彩，我们作为健全人还有什么可抱怨的呢！只要心中怀着太阳，我们的人生就永远不会被阴云遮蔽；只要心中怀着太阳，我们就永远不会失去人生的方向。

## 积极乐观，人生就不会绝望

在我们周围，有人生活得幸福美满，有人生活得痛苦；在创业过程中，有人做得风生水起，有人却怎么也不见起色。如此大的差别究竟从何而来？仔细推敲，我们不难看出，前者拥有积极的思维，他们凡事都往好处想，而后者总是悲观失望。人生短短数十载，困难和挫折都在所难免，我们不能预知未来，但可以以一颗坦然的心面对。只要做到积极乐观、永不绝望，就一定能渡过逆境。

我们每个人都应该学会在日常生活中培养自己的乐观精神，无论遇到什么事，都不要忧郁沮丧，无论你有多么痛苦，都不要整天沉溺于其中无法自拔，不要让痛苦占据你的心灵。事实上，积极的思维方式在人生事业中也起着重要的作用。而积极的思维方式包括：遇事乐观、有理想、努力、怀抱一颗感恩的心、善待自己、善待他人等。

推销大师吉拉德的成功，也是源于他相信自己能成功的积极心态。

小时候吉拉德的父亲总是给他灌输一种消极的思想——“你永远不会有出息，你只能是个失败者。”这些思想令他害怕。而吉拉德的母亲却相反，她给他灌输的是一种积极的思想：对自己有信心，你绝对会成功的，只要你想成为什么，你就能做到。从父母那里，吉拉德时时受到两种相反的力量，这两种力量一方面令他害怕，另一方面也让他产生信心。而最终，母亲传输给他的这种思想胜利了，这就是为什么他能实现自己的梦想。

美国钢铁大王卡内基，少年时代从英格兰移民到美国，当时真是穷透了，正是“我一定要成为大富豪”这样的信念，使得他于19世纪末在钢铁行业大显身手，而后涉足铁路、石油，成为商界巨富。洛克菲勒、摩根也都是满怀欲望，并以欲望为原动力，成为资本主义初期美国经济的胜利者。

生活中的人们，你也可能遇到一些困难，遇到一些不顺心的事，你可能会因此变得沮丧。其实，你应该告诉自己，困境是另一种希望的开始，它往往预示着明天的好运气。因此，你只要放松自己，告诉自己希望是无所不在的，再大的困难也会变得渺小。为此，当你情绪消极时，你可以这样暗示自己：“再大的困难，我也能挺过去！”“我就不信我战胜不了你！”

有人说，思维方式决定一切，这话是很有道理的，不同的思维方式会改变你看问题的角度，而从不同的角度看问题，结果往往有很大差异，正所谓“横看成岭侧成峰，远近高低各不同”，总之，只要是抱着乐观主义心态的人，必定是个实事求是的现实主义者。

## 怀着宽容的心态，人生就会变得更加理性和从容

有的人觉得人生是小说，情节跌宕起伏，完全出人意料；有的人觉得人生是散文，格调温婉，言辞婉转；有的人觉得人生是纪实，每一件事情都必须是真实发生且不可改变的历史；有的人觉得人生是童话，带着美妙的色彩，使人满怀希望和憧憬。对于人生，每个人的理解都不同。

清朝康熙年间，文华殿大学士、礼部尚书张英的老家在安徽桐城。张家原本就是大家族，又因为张英在朝廷里当大官，所以气势更盛。因为老宅子越来越老了，所以张家决定把房子翻修一下。看到张家要翻建房子，他们的邻居吴家也不甘落后，当即也拆掉旧宅院，准备翻建。张家和吴家两家之间有一块小小的空地，这块空地是张家留出来作为通道用的。吴家翻建房子的时候，不由得动起了心思，居然想私自把这条通道霸占了。为此，张家和吴家发生了激烈的争执，并且一纸诉状闹到了县衙。

因为张家和吴家在当地都是名门望族，所以县官左右为难，迟迟无法做出判决。张家怒气难出，因而当即修书一封，让家丁连夜赶往京城。在家书里，老人嘱咐张英在朝廷里多多发力，一定要把吴家告倒。张英了解事情的始末后，当即提笔修书："千里家书只为墙，让他三尺又何妨。长城万里今犹

在，不见当年秦始皇。”写完之后，张英把回信交给家丁，让他火速赶回家里。家人收到张英的来信，原本觉得很高兴，以为张英一定想出了好办法，或者有什么解决问题的锦囊妙计。看完张英的诗，家人一开始很失望，后来经过认真商量，他们决定按照张英所说，让吴家三尺地。就这样，张家马上行动，把墙拆掉，让出足足三尺。看到张家深明大义的举动，老百姓都赞不绝口。吴家人看到张家的表现，也深受震撼，当即模仿张家人的样子，也拆掉墙，让出三尺地来。这样一来，张家和吴家之间小小的通道非但没有被霸占，反而变成了六尺宽的巷子。从此之后，关于六尺巷的故事就流传开来了。

如果张英支持家人和邻居使劲吵闹，那么最终的结果就是邻居之间闹得不欢而散，甚至世代为仇，而其他的村民也缺少了一条便捷的通道，在当今时代，也就没有了六尺巷的传说。很多时候，事情就在一念之间，选择了宽容就能海阔天空，选择了计较就会睚眦必究，导致人生的道路越走越窄。有的时候，我们希望得到他人的宽容，却不知道他人的宽容却来自我们的宽容。唯有我们主动宽容对待他人，他人才会以同样的态度对待我们，所以，我们要做出高姿态，不要要求他人，而要以身作则，给他人做出优秀的榜样，这样他人自然知道该怎么做。

每个人都是群居动物，也是具有社会属性的，每个人都要融入社会之中，与他人交往，才能更好地生存和发展。然而，在人际交往的过程中，人与人之间难免会产生各种矛盾，最终闹得不可开交。如果能够各自怀着宽容的心态，退一步海阔天空，那么人就会变得更加理性和从容，也不会因为一点小小的事情就与他人撕破脸皮，使自己变得非常尴尬。

常言道，海纳百川，有容乃大，其实海之所以能够容纳百川，是因为海把自己的位置放得很低。一个人唯有放低自己，谦虚恭顺，才能拥有博大的胸怀，也才能成就伟大的事业。对于任何人而言，宽容都是最高尚的人生智慧。宽容的心会让我们变得更加从容豁达，也避免与人斤斤计较。生活中充满了各种琐碎的事情，我们唯有宽容，才能更加感受到世界的美好，也才能得到更多的幸福与快乐。很多人都讲究以理服人，殊不知法不外乎人情，很多时候道理也要尊重感情，从感情的基础上去讲。有的人得理不饶人，却不知道以德报怨才是人生至高的境界。

# 参考文献

[1]海斯蒂，道斯.不确定世界的理性选择：判断与决策心理学[M].谢晓非，李纾，译.北京：人民邮电出版社，2013.

[2]庄锦英.决策心理学[M].北京：上海教育出版社，2006.

[3]墨特里尼.心理学与决策技巧[M].陈昭菩，译.北京：北方文艺出版社，2017.

[4]孙科炎，李国旗.决策心理学[M].北京：中国电力出版社，2012.